早安・午安
Home Café

朴星美 Park Sung Mi

出版以介紹冰飲食譜爲主的第一本書《每天，每天 Home Café》之後，便開始著手撰寫可以搭配飲料享 用的甜點書。

經過多次的嘗試，終於整理出在家也能輕鬆完成的居家 甜點食譜。主要透過Instagram與讀者交流，近來也開 始會上傳居家烘焙的影片和照片。

目前經營生活商店Somkist，販售甜點擺盤時可用於搭 配的居家用品。

Instagram @som_e92 @som_kist

早安·午安 Home Café

Welcome Open, Home Cafe

CONTENTS

— LESSON —
開始之前

簡單的
代餐麵包

—— PART 3 ——

甜蜜甜點

PART 4

趣味食譜

在開設家庭咖啡廳之前

某天，我跟平常一樣在家準備甜點、喝咖啡，突然產生「不如來挑戰做甜點」的想法，看來只靠飲品似乎有點不夠了呢。

第一次挑戰的甜點，是感覺不太困難的可麗餅。沒想到塗上薄薄的奶油這個步驟，其實比想像中要麻煩許多，也讓我發現甜點需要花費更多心思。之後我買了家庭用烤箱，開始做起一些簡單的烘焙餅乾。雖然看似比做麵糊、發酵麵包要簡單得多，但其實烤餅乾也需要給麵團休息時間。一如所有以澱粉做成的點心，剛烤好的麵包固然美味，不過我更是在學做越陳越香的磅蛋糕時，才真正感受到居家烘焙的樂趣。

甜點做著做著，便會開始思考適合搭配什麼飲料，於是再繼續開發甜點……不知不覺間，就能在家做出不輸人氣咖啡廳的甜點與飲料了呢。我本來是熱愛外出的人，現在也終於體會到在家做甜點的喜悅。本以為自己沒那麼愛甜食，沒想到現在已經習慣成自然，只要一天不喝咖啡配甜食就會覺得空虛呢。

在《每天，每天Home Café》當中介紹了冰涼飲品的食譜，收錄了我個人的飲品製作訣竅，這本《早安‧午安　Home Café》裡則有許多不同的嘗試，介紹屬於我的甜點以及簡單的餐點。

每天早上起來都能幸福地煩惱「今天要做什麼」，有時候可以挑戰新的菜色，或繼續精進、練習完成度跟味道較差的部分，最後才做成這本食譜。當然，味道會因個人口味而有所不同，不過我想做的是讓每個嚐過的人都能說出「好吃」的食譜，所以做了很多不同的嘗試，並將最好的結果收錄在《早安‧午安　Home Café》當中。希望閱讀本書的讀者可以做出簡單、美味的甜點，開設屬於自己的居家咖啡廳。

要開始籌備居家咖啡廳，需要先做幾項準備。

建議大家可以先認識經常使用的食材、方便使用的工具，

以及各種基礎的甜點裝飾。

不要一開始就買很多食材和工具，在挑戰每一道食譜時，

再找出適合自己的、不可或缺的工具吧。

這樣才能一直維持對經營居家咖啡廳的樂趣。

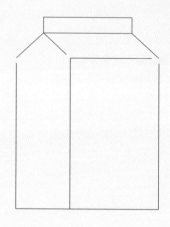

認識材料

美味甜點的基礎是精準的計量，而適合食譜的食材也是重要的關鍵。除了基本的麵粉、鹽巴、砂糖、酵母、泡打粉之外，如果還能配合個人喜好準備其他的粉、裝飾，就能做出自己獨創的甜點，或是曾在咖啡廳看過的迷人甜點。認識食材之後，製作任何甜點都能更得心應手。

近來待在家的時間變多，出門變得困難，很多人都開始學習在家享受飲品與甜點的樂趣。美味的食譜固然重要，但也要注意食材的有效期限、保存方法與特色，這樣就能隨時在家自行烘烤麵包。食材最好裝入密封容器中保存，才能夠維持新鮮。

高筋麵粉 ◆ 蛋白質含量為百分之11～13，是蛋白質含量最高的麵粉，加水後較有彈性，適合做發酵麵包，通常用於製作麵包、披薩麵皮。一般是放在密封容器中，秋、冬放在乾燥陰涼處保存，濕度較高的夏天則需要冷藏。

中筋麵粉 ◆ 蛋白質含量為百分之8～10，可做許多用途。經常用於製作刀削麵、各式麵食，也可代替低筋麵粉。一般是放在密封容器中，放在乾燥陰涼處保存，濕度較高的夏天則需要冷藏。

低筋麵粉 ◆ 蛋白質含量偏低，為百分之6～8，通常用於製作餅乾或糕點。可用於製作鬆軟的馬芬、蛋糕、酥脆的餅乾等。一般是放在密封容器中，放在乾燥陰涼處保存，濕度較高的夏天則需要冷藏。

乾酵母 ◆ 用於使麵包膨脹的食材，是用新鮮酵母乾燥製成。水分含量低，較新鮮酵母更易儲存。低糖乾酵母常用於製作棍子麵包、貝果等清淡且口感較硬的麵包，高糖乾酵母則可製作含其他副食材的麵包、吐司麵包、可頌等鬆軟的麵包。開封後若放在室溫下必須在三天內用完，故建議冷凍保存較佳。

砂糖 ◆ 用甘蔗製成的糖，又甜又香。製作甜點食主要使用白砂糖，顆粒較細的糖可以讓麵包更柔軟。紅糖（Black Sugar）、黑糖（Brown Sugar）、黑蔗糖（Muscovado）等眾多種類的糖。將砂糖磨細並加入玉米澱粉就可以做成糖粉，建議裝在密封容器裡存放於室溫下。

高筋麵粉

低糖乾酵母

高糖乾酵母

泡打粉

中筋麵粉

動物性奶油

奶油

低筋麵粉

鹽巴

植物性鮮奶油

砂糖

雞蛋

牛奶

鹽巴 ◆ 主成分為氯化鈉，可以降低酵母的活性，增添麵包的風味。顆粒較粗的鹽巴易結塊不易溶解，建議使用顆粒較細的鹽巴。一般會裝在密封容器中存放於室溫下。

雞蛋 ◆ 是水分含量高的食材，製作麵包時使用，能使口感更濕潤、柔軟，顏色也較好看。雞蛋存放時，尖端應該朝下放置。

牛奶 ◆ 保濕力佳，能夠延緩老化並維持濕度，可以讓麵包柔軟濕潤。牛奶一般都是放在冰箱門上的層架上，但容易因開關冰箱門而受到溫度變化的影響，建議放在蔬菜盒裡會更好。

動物性鮮奶油 ◆ 將從乳牛身上擠下的鮮奶油水分離後，使用乳脂肪濃縮製成。製作甜點時會使用乳脂肪含量百分之35～38的鮮奶油，特色是味道濃郁且柔和。有效期限短，使用上受限較多，但風味十分豐富，常用於蛋糕或料理。

植物性鮮奶油 ◆ 以植物性油脂取代乳脂肪製成的奶油，內含乳化劑或安定劑，有效期限較長使用較為方便，適合用於製作糖霜或甜點裝飾，但香味不如動物性鮮奶油。

奶油 ◆ 將牛奶的乳脂肪放在一起凝固而成，乳脂肪含量高達百分之80以上。分為添加鹽的加鹽奶油與未添加鹽的無鹽奶油。奶油通常是融化或切塊使用，製作甜點時通常使用無鹽奶油，再另外添加鹽來調整鹹度。一般來說，奶油都是切下要使用的份量，再將剩餘的奶油用烤盤紙包起來放入密封容器內保存。立刻要用的就冷藏，會放很久的則冷凍，需要時就能方便取用。

*食譜內的無鹽奶油以奶油標記，加鹽奶油則以加鹽奶油標記。

泡打粉 ◆ 是讓麵團起泡、膨脹的食材。如果使用過期的泡打粉，麵團可能會無法膨脹。用太多反而會影響到風味，建議計量時必須多注意。一般為裝入密封容器中，存放在乾燥的常溫下。

麵粉和雞蛋等基礎食材,很適合做清爽且易回甘的麵包,不過加入其他
多種食材做點心用或代餐用麵包、甜點等,也非常有趣。可以用不同的食
材創造豐富的滋味,也能做出高完成度的甜點。就用當季水果、巧克力、
蜂蜜等容易取得的食材,增加居家咖啡廳的菜單選項吧。

香草籽 ♦ 這是一種天然香料,香草莢對半切開後以刀背刮取便能使用。可
以去除雞蛋的腥味和多餘的臭味,增添食材的風味。建議使用保鮮膜分別包
裹冷藏,或放在不會曬到太陽的陰涼處。

檸檬 ♦ 加入檸檬汁可以去除雞蛋的腥味。在製作果醬和糖漿時,加一點檸
檬汁也可以保存更久。檸檬皮磨碎後可做調味用的果皮,削成薄片也能做裝
飾用。建議使用小蘇打粉與粗鹽泡水洗淨,完全擦乾後再放入夾鏈袋中冷藏
保存。

香草濃縮液 ♦ 用於去除雞蛋與麵粉多餘的味道。經常用於製作泡芙、蛋糕、
冰淇淋等甜點。

藍莓稀釋果醬 ♦ 保留了藍莓果肉的果醬,但較一般果醬稀且較不黏稠,通
常用於麵包上的餡料。建議適量分裝並冷藏保存。

蜂蜜 ♦ 是一種含有糖分的食材,用於添加甜味並使麵包更濕潤。通常保存
於常溫之下,使用時最好以蜂蜜棒拿取。

楓糖漿 ♦ 以楓樹樹液萃取的天然糖漿,能營造高雅的香味。淋在美式鬆餅、
格子鬆餅、吐司上吃,能帶出淡淡的甜味。建議放在通風良好處保存。

水果果醬 ♦ 以水果、砂糖、檸檬汁加熱製成的黏稠果醬。可用草莓、藍莓、杏
子、蘋果等水果製作。建議冷藏保存,並以沒有沾到口水的湯匙盛取食用。

檸檬

水果果醬

香草籽

卡魯瓦咖啡
香甜酒

藍莓果醬

香草濃縮液

楓糖漿

蜂蜜

奶油乳酪

白巧克力

紅寶石巧克力

馬斯卡彭起司

牛奶巧克力

優格

黑巧克力

碎巧克力塊、
三角巧克力塊

卡魯哇咖啡香甜酒 ♦ 酒精濃度約二十度左右的咖啡酒，用於增添甜點的風味。在製作摩卡類的甜點石使用，能夠營造更濃郁的咖啡香。建議放在常溫下的陰涼處保存。

白巧克力 ♦ 用可可油加砂糖和牛奶混製而成的巧克力，因為沒有可可液，所以呈現象牙色。建議存放在不會被直射光線照到，且通風良好的陰涼處。

紅寶石巧克力 ♦ 繼黑巧克力、牛奶巧克力、白巧克力之後的第四代巧克力，可可含量超過百分之34，特色為清爽的水果味與果香。沒有人工添加物，帶著天然的粉紅色。建議存放在不會被直射光線照到，且通風良好的陰涼處。

牛奶巧克力 ♦ 最受歡迎的巧克力，加入了乳脂肪粉故口感溫和。可可液含量約為百分之30至40，故顏色不會太深。建議存放在不會被直射光線照到，且通風良好的陰涼處。

黑巧克力 ♦ 未添加牛奶的巧克力，可可含量超過百分之50，可以品嘗到可可的天然美味。特色是甜中帶澀且滋味濃郁，建議存放在不會被直射光線照到，且通風良好的陰涼處。

碎巧克力塊/三角巧克力塊 ♦ 巧克力塊的造型很多變，在製作餅乾、麵包、馬芬時，可以將巧克力塊當成餡料加入其中，這樣巧克力就不會融化，且能維持原有的形狀，達到裝飾的效果同時增添口感。

奶油乳酪 ♦ 以奶油製作或加入牛奶混製而成的起司。有少許的酸味與香味，口感十分柔和。奶油乳酪分裝時應該盡量減少用手觸碰，盡快以保鮮膜包起來，放入密封容器中冷藏保存，並盡快食用完畢。

馬斯卡彭起思 ♦ 是提拉米蘇的主食材，介於鮮奶油與奶油之間，質地柔軟味道香濃。較沒有酸味，經常用於製作甜點。

優格 ♦ 是牛奶的主要成分，分為原味優格、希臘優格。原味優格未添加香料，適合用於製作起司蛋糕、慕斯蛋糕。用完後剩下的優格應用保鮮膜包起來，放在冷凍室裡冷凍保存。

這些都是提升甜點完成度的食材。香草新鮮的草綠色，能點綴平淡無奇的甜點。此外，其他的粉類食材則能增添香味、美味與色彩。堅果類不僅能提升美味，可能增添口感。

〰〰〰〰〰〰〰〰〰〰〰〰〰〰〰〰〰〰〰〰〰〰〰〰

迷迭香 ◆ 有著強烈獨特香味的香草，用於裝飾甜點。建議挑選正面呈現亮澤深綠色，背面呈現白色的葉片爲佳。請以清水輕輕沖洗後使用。

蘋果薄荷 ◆ 有獨特的清涼感，可用於蛋糕、巧克力等甜點。

百里香 ◆ 又稱麝香草，通常一段段切開來使用。若在乾燥狀態下放入夾鏈袋中冷藏保存，可存放約一至兩週。

糖粉 ◆ 含有砂糖與澱粉（3%至5%）。不容易結塊、定型，適合用於製作糖霜或裝飾，加水溶化後淋在甜點上便於吸收。

肉桂粉 ◆ 有獨特的甜味、隱約的香味與清涼感。撒一點在搭配冰淇淋與糖漿的甜點上享用，與甜味可說是絕配。

草莓粉 ◆ 草莓冷凍乾燥後磨成細粉製成，沒有人工香味，可以品嘗到天然的草莓香。用於爲馬卡龍、餅乾等甜點上色。用完後應密封，存放在無陽光照射的陰涼處。

抹茶粉 ◆ 帶點迷人苦味的粉末，是以綠茶葉磨製而成的細粉。由於栽種時刻意遮蔽光線，較少接觸陽光，故顏色非常鮮明。抹茶粉接觸到陽光便會變色，建議存放在不會被陽光照到的暗處。

紫地瓜粉 ◆ 因天然色素而呈現帶點紫色的紅色。在製作餅乾、麵包、內餡時可代替食用色素。

迷迭香　　　蘋果薄荷　　　百里香

糖粉

草莓粉

紫地瓜粉

抹茶粉

吉利丁粉

肉桂粉

可可粉

裝飾筆

胡桃

可可粉 ◆ 炒過的可可壓製成糊狀後乾燥、粉碎製成。由於可可奶油已經分離出來，所以沒有甜味，只有強烈的苦味且顏色深沉。常用於製作甜點，也會在製作巧克力抹醬時使用。

吉利丁粉 ◆ 製作果凍、布丁、慕斯蛋糕等時使用。粉狀的吉利丁較片狀更容易結塊，建議加水均勻攪拌後再使用。使用後應密封並存放於室溫下。

胡桃 ◆ 與核桃不同，是香味十足且口感柔和的堅果。主要用於胡桃派，若在製作餅乾時使用，則能增添咀嚼的口感並使味道更豐富。存放在室溫下可能會使健康的脂肪酸腐敗，建議存放在密封容器中冷凍，避免胡桃吸附其他味道。

裝飾筆 ◆ 能夠立刻裝飾巧克力、蛋糕、餅乾等，使用相當方便。泡在熱水裡三至五分鐘，使內容物融化後再使用尤佳。

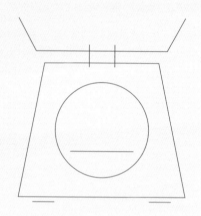

認識工具

製作蛋白霜或想快速攪拌麵糊時，徒手不僅會累且速度也不一致。使用機器不僅能維持速度一致，也能縮短時間。建議工具可以慢慢添購，配合用途準備合適的工具，讓甜點製作更便利，完成度也更高。

烤麵包時，一定要有幫麵包塑形的模具。配合烤箱尺寸準備合適的烤盤、烤餅乾用的模具，以及各種不同造型的圓形模、正方形模、塔模等專用模具，就能做出外型美觀且兼具美味的麵包了。

馬芬模具 ♦ 鋪上單次用的烘焙紙，可以用來烤杯子蛋糕、馬芬或迷你卡斯特拉蛋糕等甜點。分為不容易沾黏，脫模方便的不沾鍋塗層模具，以及材質輕巧柔軟，能夠完整保留糕點形狀的矽膠模具等。

瑪德蓮模具 ♦ 可製作貝殼造型或扇子造型糕點的模具。麵糊裝盤之前必須先塗抹離型劑或奶油，才能更順利脫模。用高溫快烤，就能夠烤出肚臍漂亮的瑪德蓮。

栗子造型模具 ♦ 可以烤出栗子的形狀，有深度的模具。

圓形模 1號 ♦ 烤法式海綿蛋糕時使用，直徑15公分的1號模具可以烤出1號蛋糕。2號模具為直徑18公分，3號則為直徑21公分。

咕咕霍夫模具 ♦ 有凹凸起伏的圓形模具，將用這款模具烤出來的蛋糕撒上糖粉做裝飾，就能做出令人聯想到王冠的咕咕霍夫蛋糕。迷你尺寸的咕咕霍夫模具，也可以做出更小巧可愛的甜點。

鬆餅烤模 ♦ 以鋁合金和不鏽鋼材質製成，熱傳導速度很快。可將可頌、生麵團、吐司麵包、年糕等壓成鬆餅造型的甜點。

迷你慕斯模具 1號 ♦ 上下皆有開口的圓形模具，用於製作慕斯蛋糕、起司蛋糕與羊羹。

塔模 ♦ 是底部可分離的模具，用於製作派皮。邊緣有呈波紋狀的皺褶。

四方模 ♦ 烤四方形法式海綿蛋糕時使用。

吐司麵包模具　咕咕霍夫模具　鬆餅烤盤

圓形模具

星形餅乾模具

磅蛋糕模具　四方形模具

塔模　幕斯模具　馬芬模具　瑪德蓮模具　栗子造型模具

磅蛋糕模具 ◆ 製作長方形磅蛋糕時使用的模具，將烘焙紙裁切鋪在模具內，或抹上融化的奶油後使用。

吐司麵包模具 ◆ 有蓋子的吐司麵包模具，可烤出頂部平整的麵包。沒有蓋子的模具則能夠讓麵團發酵出更漂亮的形狀。常用於製作玉米麵包、栗子麵包、超軟吐司等。

星形餅乾模具 ◆ 用來將麵團切割成星形的模具。

蛋糕轉盤 ◆ 爲蛋糕體抹鮮奶油或裝飾時使用，能讓作業更方便、更節省時間。

烤箱 ◆ 有旋風烤箱和光波烤箱兩種。旋風烤箱是常見於家庭、麵包店的電器，內部有使熱風循環的風扇，能夠均勻烘烤麵團。光波烤箱則是以可視光線與遠紅外線將食物烤熟。烤麵包之前烤箱應充分預熱，再在適當的溫度之下將麵團放入，這樣麵包的形狀才會好看，也才能夠均勻熟透。

製作甜點時需要非常多工具，用途也都各不相同。有適當的工具就能做出理想的造型，在裝飾或為麵團塑形時也更方便。建議可以在做甜點時，再慢慢購買需要的工具就好。好好運用工具，可以讓烘焙更愉快。

料理盆 ◆ 製作鮮奶油時需要較深的盆子，隔水加熱時建議使用有握柄的盆子較佳。有水口的盆子在移動內容物或是倒麵糊時會比較方便。通常用於準備較稀的麵糊、蛋汁時使用。

篩網 ◆ 粉類食材過篩後再使用，就可以避免麵糊結塊。麵粉、各式粉類過篩時，建議使用網眼較細的篩子，杏仁粉、糖粉過篩時則要使用網眼較大的篩子。

手持打蛋器 ◆ 打奶油、雞蛋或拌麵糊時使用。要用不鏽鋼等較堅固的材質，才能夠穩定打出泡沫。

迷你篩網 ◆ 要在蛋糕上撒糖粉或巧克力粉做裝飾時使用的工具。

手持攪拌機 ◆ 不必費力就能打出紮實蛋白霜、鮮奶油的工具。速度共分十五段，可依序調整速度來調整濃度。建議選擇重量適中且能調整速度的產品。

烘焙紙 ◆ 烤麵包時經過適當裁切鋪在模具或烤盤上的紙。一整捲的烘焙紙在烤磅蛋糕、法式海綿蛋糕、蛋糕捲時，較能夠配合模具的大小裁切使用。

擀麵棍 30cm ◆ 做塔皮或將餅乾麵團擀薄、把麵包麵團的空氣壓出來時使用。建議選擇質地輕盈且長度較長的擀麵棍。

蛋糕鏟 ◆ 將披薩、派、蛋糕盛裝至盤子時使用。

一字抹刀 8英吋 ◆ 在糕點外塗抹鮮奶油、奶油霜時使用，也能用於將蛋糕表面和側面塗抹得更加平整。需要更精細的塗抹裝飾時，則會使用迷你刮板。

手持打蛋器

手持攪拌機

料理盆　　篩網

迷你篩網

計量湯匙

計量杯

麵包割刀

料理用刷

刮板

一字抹刀

蛋糕鏟

擀麵棍

烘焙紙

馬芬杯　　秤　　擠花嘴

濾油架盤組　　刮刀（寬頭）　　刮刀（窄頭）　　溫度計

料理用刷 ◆ 在麵包上塗抹奶油，或在塔上塗抹蛋汁、在蛋糕體上塗抹糖漿等液體時使用。

計量匙 ◆ 1Ts為1大匙，1ts為1小匙，1大匙為15毫升，1小匙為5毫升。適合在計算小份量時使用。

計量杯 ◆ 有刻度標記的量杯，可以精準測量液體的量。有50至200毫升、500毫升、1000毫升等不同大小。

麵包割刀 ◆ 用於在鄉村麵包或酸麵包上畫出刀痕，刀刃上有鋸齒，可以精準地畫出刀痕。

馬芬杯 ◆ 放入馬芬模具中烤馬芬，或做發糕、布朗尼時使用。顏色很多，可配合麵糊選擇。

秤 ◆ 用來精準測量粉類、液體類食材時使用，居家烘焙建議選擇可測量0.1公斤至1公斤的秤較為實用。

擠花嘴 ◆ 在蛋糕上裝飾鮮奶油或麵糊裝盤、製作蛋白霜餅乾時，通常會搭配擠花嘴使用。

刮板 ◆ 切割麵團或將蛋糕體整平時使用。通常為矽膠材質，輕盈且貼合度高，能夠將麵團整理得乾淨俐落。

刮刀（寬頭）◆ 攪拌粉類食材時使用較尖的那面，就能夠攪拌均勻。

刮刀（窄頭）◆ 盛果醬等食材時使用。

溫度計 ◆ 建議選擇可變更華氏、攝氏的電子溫度計，較能夠準確掌握麵團溫度或油炸用油的溫度。

濾油架盤組 ◆ 油炸好的食材可放上去讓油滴乾，如果是可用於烤箱的托盤，也可在烤吐司麵包時使用。

學習基本款麵包

這個章節所介紹的九款麵包，都是本書食譜的基礎。雖然是基礎，但做起來並不如想像中那麼容易，各位需要多做幾次，完成適合個人喜好的麵包。清淡香甜直接吃也美味的麵包雖是基礎，但如果能做不同運用，也會帶來許多樂趣。

餐包

Morning Roll

這個章節所介紹的九款麵包，都是本書食譜的基礎。雖然是基礎，但做起來並不如想像中那麼容易，各位需要多做幾次，完成適合個人喜好的麵包。清淡香甜直接吃也美味的麵包雖是基礎，但如果能做不同運用，也會帶來許多樂趣。

◆ **食材** 8公分12個份

高筋麵粉500克，牛奶300克+5克（裏粉用），雞蛋120克，奶油60克，砂糖40克，鹽巴8克，乾酵母（低糖）6克

*牛奶、雞蛋、奶油均放於室溫下。

1 高筋麵粉過篩後倒入料理盆中，挖出三個凹洞並將乾酵母放在其中一個洞內。

4 加入打散後的蛋，用手揉成麵團。

2 剩餘的兩個洞則分別放入鹽巴與砂糖後拌勻。

5 加入奶油並與麵團揉在一起。

3 倒入牛奶攪拌。

6 重複撕、打麵團。

7　將麵團揉成表面光滑平整的圓球狀。

10　將麵團細分成12份並捏成球狀，底部的接線處應該仔細捏合。接著在烤盤上鋪烘焙紙，再將捏好的麵團放上去。

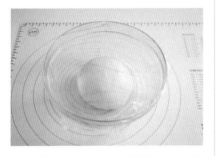

8　麵團放入料理盆中，包上保鮮膜靜置90分鐘進行第一次發酵。

11　靜置40分鐘進行第二次發酵。

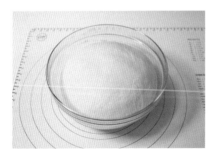

9　稍微拍打膨脹程兩倍大的麵團，將空氣打出來。

12　烤箱以180度預熱，然後將步驟**11**的麵團放入烤箱，以175度烤15分鐘之後抹上一點牛奶。

英式馬芬不甜，是很適合當早餐的糕點。鬆軟且有嚼勁，加火腿、蔬菜、雞蛋便能做成簡單的三明治。也可以製作班尼迪克蛋或是簡單塗抹奶油、果醬來吃，都是能享用英式馬芬的方法。

◆ **食材** 8公分塔模6個份

高筋麵粉250克，牛奶170克，乾酵母 (低糖用) 4克，砂糖4克，鹽巴3克，玉米粉（防沾黏用）少許

*牛奶放於室溫下。

1 將乾酵母倒入牛奶中攪散。

4 高筋麵粉與鹽巴過篩入料理盆中,再倒入步驟3的牛奶。

2 倒入砂糖攪拌。

5 以刮刀拌成麵團。

3 包上保鮮膜靜置15分鐘。

6 將麵團放在工作桌上,用手揉捏拍打。

9　撒上玉米粉。

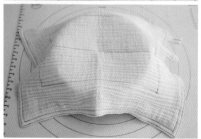

7　將揉至光滑不黏手的麵團放入料理盆中，
　　蓋上濕棉布後靜置80分鐘進行第一次發酵。

10　靜置50分鐘進行第二次發酵。

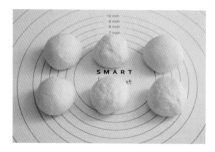

8　將膨脹成兩倍大的麵團分成6等份，揉成平整
　　的球狀後放進塔模中。

11　發酵完成後用鐵板將麵團壓扁，再放入以
　　175度預熱的烤箱烤15分鐘。

鹽麵包

Salt Bread

這款麵包能夠同時品嘗到加鹽奶油的風味與鹹味。造型雖然與可頌相似，但對半切開來便會發現，與層層堆疊的可頌不同，空心的內裡藏著的是融化的奶油。鹽麵包可以直接吃，也可以搭配熱狗等其他食材做成三明治享用。

◆ **食材** 9公分8個份

高筋麵粉250克，牛奶150克，低筋麵粉120克，雞蛋56克，砂糖37克，奶油25克，鹽巴6克，乾酵母（高糖）6克

餡料

加鹽奶油80克（10克8個），鹽之花10克

1　高筋麵粉與低筋麵粉過篩後倒入料理盆中，挖出三個洞並分別放入砂糖、鹽巴、乾酵母攪拌。

4　包上保鮮膜，休息10分鐘。

2　倒入牛奶攪拌。

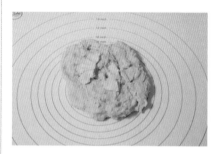

5　休息後放入奶油。

3　雞蛋打散後倒入其中攪拌。

6　揉捏15分鐘讓麵團成形。

7　將麵團捏成平整的圓球狀，並用保鮮膜包起來。

10　蓋上濕棉布靜置20分鐘發酵。

8　靜置60分鐘進行第一次發酵，等麵團膨脹至1.5倍大。

9　將麵團分成八等份並揉成圓球狀。

11　將麵團由上往下擀開，擀成上窄下寬的樣子。

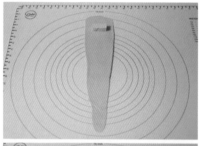

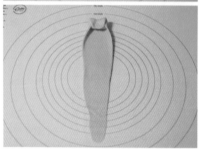

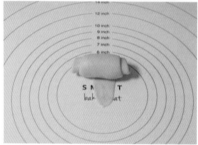

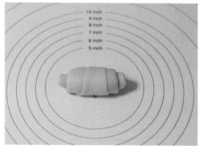

12 將內餡奶油放在麵團上,將麵團捲起來做成海
　螺的形狀。

13 在烤盤裡鋪上烘焙紙,將麵團放上去靜置
　40分鐘進行最終發酵。

14 撒上鹽之花,放入以180度預熱的烤箱烤15分鐘。

硬麵包

這是一款外皮像棍子麵包一樣硬，內裡卻十分濕潤，內外差異很大的麵包。可以切片後烤來吃，也可以挖成空心再放入義大利麵享用。因為外皮紮實堅硬，非常適合運用於其他料理。

♦ 食材 15公分2個份

高筋麵粉175克，水160克，全麥麵粉50克，砂糖10克，鹽巴4克，乾酵母（低糖）4克

1　高筋麵粉與全麥麵粉過篩後倒入料理盆中拌勻。

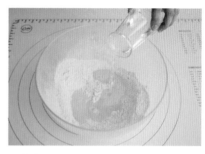

4　倒水。

2　挖三個洞，分別放入砂糖與鹽巴。

5　用刮刀以切拌的方式攪拌。

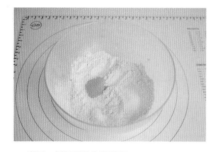

3　剩下一個洞則放入乾酵母。

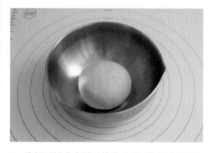

6　將麵團揉成光滑平整的球狀，放在料理盆中並用保鮮膜包起來，靜置70分鐘進行第一次發酵。

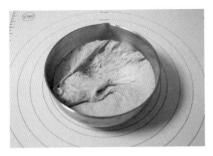

7　發酵完成後將麵團中的空氣壓掉。

10　用麵包割刀在表面畫出X型的刀痕，放入以
　　210度預熱好的烤箱，並以200度烤25分鐘。

8　將麵團分成兩塊，蓋上濕棉布後靜置15分鐘
　　發酵。

9　發酵完成後將麵團中的空氣壓掉，再將麵團
　　揉成球狀，放到烤盤上再蓋上濕棉布，靜置
　　50分鐘進行最終發酵。

貝果

Bagel

這是將麵團繞成一個圈，用滾水稍微燙過之後再放入烤箱烘烤而成的麵包。有嚼勁的口感十分迷人，經常搭配奶油乳酪當早餐享用。製作過程中稍微用滾水燙一下，就能夠維持有嚼勁的口感。

◆ **食材** 12公分4個份

高筋麵粉320克，水200克，蜂蜜10克，鹽巴6克，乾酵母（低糖）6克，滾水1公升

1 將乾酵母加入水中攪拌。

4 加入蜂蜜。

2 高筋麵粉、鹽巴過篩後倒入料理盆中，並倒入一半步驟1做好的乾酵母水。

5 倒入剩餘的乾酵母水。

3 輕輕搓揉。

6 用手揉捏約20分鐘，直到麵團成形。

7 將揉好的麵團放在碗中，蓋上濕棉布靜置 60分鐘進行第一次發酵。

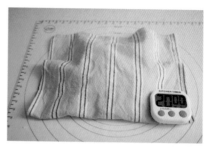

10 再次蓋上濕棉布靜置約20分鐘，進行中間發酵。

8 等麵團膨脹成兩倍大之後，用手指輕戳麵團確認發酵的狀態，確認發酵完成後再按壓麵團將其中的空氣排掉。

11 發酵結束後按壓麵團將空氣排掉，並將麵團擀成橢圓形。

9 將麵團以120克分成4等份，然後再將麵團揉成球狀。

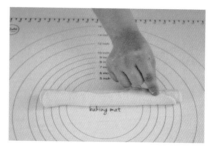

12 將麵團捲起來，連接處稍微捏一下避免麵團鬆開。

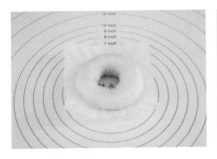

13 用麵團繞成一個圈。

16 將水煮沸，並將麵團放入燙15秒。將烘焙紙跟麵團一起放入水中燙過後，烘焙紙就會自然脫落。

14 將連接處捏緊。

17 將麵團撈出，放入以185度預熱的烤箱中烤20分鐘。

15 將烘焙紙鋪在烤盤上，並將麵團放上去，靜置30分鐘進行最終發酵。

主要用於製作三明治，用有蓋子的吐司麵包模具發酵時，就能夠做成這種方正的六面體麵包。出爐後立刻吃便能品嘗到鬆軟濕潤的麵包滋味，放在密封容器或袋子裡，冷藏一天後再吃，則會更有嚼勁。

◆ **食材** 18公分超軟吐司模具1個份

高筋麵粉300克+少許（防沾黏用），牛奶130克，水70克，奶油40克，砂糖25克，乾酵母（高糖）6克，鹽巴6克

*牛奶放於室溫下。

1 高筋麵粉過篩後倒入料理盆中，挖三個洞並分別放入砂糖、乾酵母與鹽巴後攪拌。

4 到水後搓揉成麵團。

2 倒入牛奶。

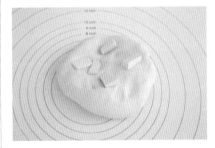

5 放上奶油。

3 用手搓揉麵粉。

6 搓揉至變成光滑的麵團。

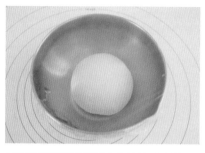

7 將光滑平整的圓形麵團放入盆中並包上保鮮膜。

10 將麵團分成2等份，再用保鮮膜包起來。

8 靜置約1至2小時進行第一次發酵。夏天的發酵速度較快，冬天的發酵速度較慢，所以建議發酵過程中要不時確認麵團是否膨脹成兩倍大。

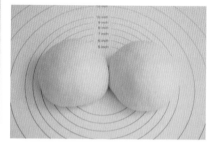

11 靜置15分鐘進行中間發酵。

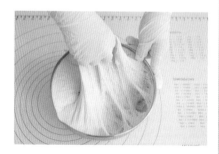

9 用拳頭壓打拉扯發酵完成的麵團，讓其中的空氣排出。

12 將防沾黏用的高筋麵粉撒在烘焙墊上，再將麵團放上去用擀麵棍擀平。

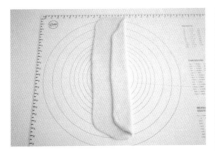

13　麵團從左右兩端向內折。

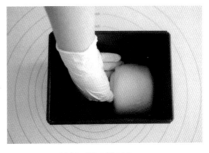

16　將步驟15的麵團放入模具中。

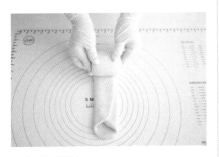

14　把麵團捲起來。

17　用手壓一下麵團，然後蓋上蓋子，靜置30至40分鐘進行最終發酵。

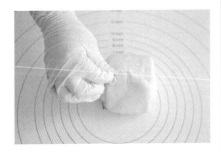

15　最後將接縫捏緊，避免捲好的麵團散開，剩下的麵團也用相同的方式處理。

18　打開蓋子看到麵團膨脹至模具的約90%，就代表發酵完成。接著放入以200度預熱的烤箱中，以180度烤30至35分鐘，烤好後拿出烤箱，輕敲模具的底部讓麵包脫模。

這是加了大量栗子的麵包。每次買栗子麵包來吃時，總會讓人想特別把
其中甜甜的栗子和杏仁奶油挑出來吃。自己做栗子麵包，則可以把每一
個部分都做得非常美味。用手撕開剛烤好的栗子麵包，呼呼吹個兩下再
吃下去，可謂是最佳享受。

◆ **食材** 26公分迷你磅蛋糕模具3個份

高筋麵粉350克+少許（防沾黏用），水250克，中筋麵粉180克，雞蛋2個，栗子丁
100克，砂糖50克，奶油40克，鹽巴12克，乾酵母（高糖）7克，杏仁切片少許

杏仁奶油
雞蛋2個，奶油52克，杏仁粉50克，糖粉40克，泡打粉2克

1 高筋與中筋麵粉過篩後倒入料理盆中。

4 用刮刀輕輕攪拌麵粉，然後再將剩餘的水倒入。

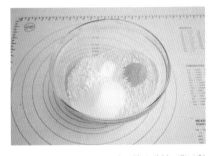

2 在麵粉表面挖三個洞，分別放入砂糖、鹽巴與乾酵母。

5 將拌好的未成形麵團移到烘焙墊上，用刮板跟手將麵團揉捏成形。

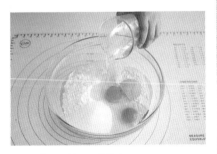

3 打入雞蛋，並加入一半的水。

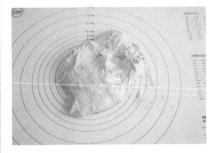

6 揉捏成完全看不到麵粉的柔軟麵團後，就可以加入奶油。

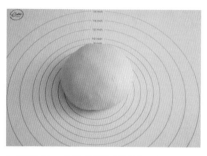

7 揉捏至少15分鐘，將麵團搓揉成圓形。

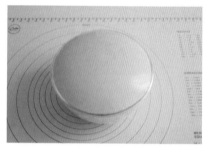

10 靜置60分鐘進行第一次發酵。

8 麵團變得光滑後就撕下部分麵團並壓薄，確認是否能夠看見放在另一面的手指。

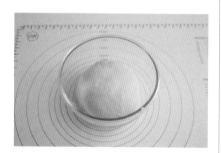

9 將麵團重新揉成球狀，放在碗裡並包上保鮮膜。

11 第一次發酵結束後用手按壓將麵團中多餘的空氣排掉，再將麵團分成三等份並蓋上濕棉布，靜置20分鐘進行中間發酵。

12 發酵完成後在麵團表面撒上高筋麵粉,按壓
　排除空氣後,以擀麵棍擀成四方形。

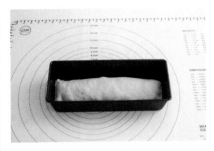

15 麵團放入模具中,放在溫暖的地方靜置40分
　鐘進行最終發酵。

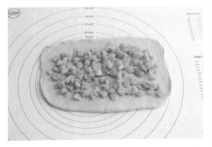

13 栗子丁去除多餘的水份後,鋪平在步驟12的麵
　團上。

16 接著要做杏仁奶油。奶油倒入料理盆中,輕輕
　拌開之後倒入糖粉,再以打蛋器拌勻。

14 從長邊將麵團仔細且紮實地捲起來,最後稍
　微捏一下連接處固定,避免麵團散開。

17 蛋打散後分兩次倒入並均勻攪拌。

18 杏仁粉與泡打粉過篩後倒入並拌勻。

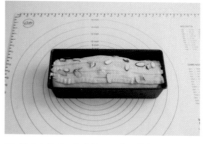

21 撒上杏仁片,放入以190度預熱的烤箱中,以175度烤25分鐘。烤好後將模具從烤箱中拿出,輕拍模具底部讓麵包脫模、冷卻。

19 將奶油放入擠花袋中,裝上鋸齒狀的擠花嘴。

20 將杏仁奶油擠在步驟15的麵團上。

巧克力麵包

Chocolate Bread

這款吐司麵包加入大量巧克力碎片，吃起來更有嚼勁。也因爲融入了巧克力，吃起來會有隱約的甜味。用微波爐稍微熱一下就能讓裡面的巧克力融化，再搭配牛奶一起吃就能很有飽足感。

◆ **食材** 17公分吐司麵包模具1個份

高筋麵粉285克，牛奶170克，雞蛋1個，巧克力60克，砂糖40克，奶油25克+少許（塗抹用），可可粉20克，乾酵母（高糖）4克，鹽巴3克

1 高筋麵粉與可可粉過篩後倒入料理盆中。

4 用手搓揉30分鐘。

2 挖三個洞，分別放入乾酵母、砂糖、鹽巴後輕輕拌勻。

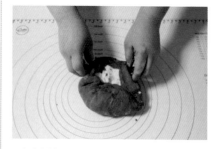

5 加入奶油。

3 打入雞蛋、倒入牛奶。

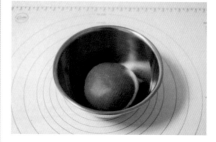

6 搓揉至麵團變光滑，然後再將麵團揉成球狀，放入另一個盆中包上保鮮膜。

7 靜置45分鐘進行第一次發酵。

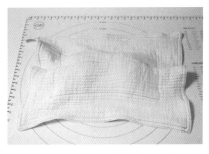

10 蓋上濕棉布靜置20分鐘進行中間發酵。

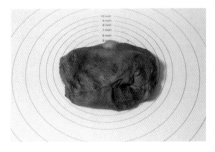

8 麵團膨脹成兩倍大後再將空氣排掉。

11 將麵團的空氣排掉後，用擀麵棍將麵團感呈
　扁長狀，接著在每個麵團的中央放上30克的
　巧克力。

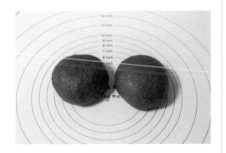

9 將麵團分成2等份並搓揉成圓球狀。

12 麵團從左右兩邊往中間折。

13 將麵團捲起來。

14 稍微捏一下連接處固定,避免麵團散開。剩餘的麵團也用相同的方法處理。

15 麵團放入吐司麵包模具中,然後用拳頭再壓一次。

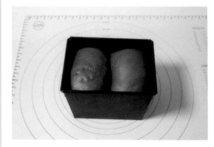

16 蓋上濕棉布靜置30分鐘進行最終發酵。為了烤好後的麵包能呈現完美的弧形,發酵時不要蓋上蓋子。

17 放入以180度預熱的烤箱,用170度烤25分鐘。脫模時可以輕敲模具底部,讓麵包與模具分離,接著再在麵包表面塗抹少許融化的奶油。

可頌
Croissant

這是將麵團薄薄攤開來，加入大量奶油製成的弦月形麵包。剛烤好的可頌層次豐富，撕開來就能聞到滿滿的奶油香，咬下去的酥脆聲音更是迷人。直接吃就能品嘗到奶油的風味，也可以依照個人喜好塗抹奶油，或製成三明治來吃。

◆ **食材** 12公分6個份

高筋麵粉450克，水225克，奶油193克，砂糖30克，雞蛋20克+少許（塗抹用），乾酵母（高糖）7克，鹽巴5克

*奶油放於室溫下。

1 用熱水將乾酵母泡開。

4 搓揉至看不見麵粉的粉末後用雙手拉撕麵團,直到麵團完全結成塊。

2 高筋麵粉、砂糖、鹽巴過篩後倒入料理盆中,然後打入雞蛋。

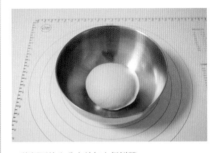

5 將麵團放入盆中並包上保鮮膜。

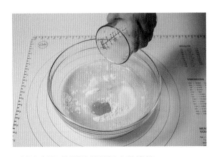

3 倒入步驟1泡開的乾酵母水並攪拌。

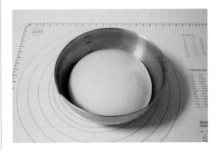

6 靜置70分鐘進行第一次發酵。

7 發酵完成的麵團中的空氣壓掉，用擀麵棍將麵團
　擀平，然後放上奶油。

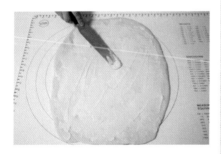

8 用抹刀將奶油均勻抹開。

9 將麵團分成三段折起來，再用保鮮膜包起來放入
　冷凍室靜置20分鐘。

10 將麵團拿出來，用擀麵棍再稍微擀平，然後再分
　　三段折起來，並再重複擀平、折起的步驟兩次。

11 將完成的麵團用擀麵棍擀平，用刀子將上下左右
　　四個邊多餘的部分切掉。

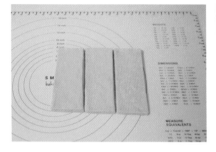

12 將麵團切成3個大小相同的長方形。

15 捲好的麵團放到烤盤上，在28至33度的溫度下靜置30分鐘進行二次發酵。溫度過高奶油會融化，請多注意。

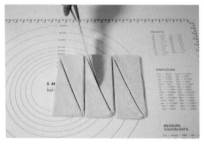

13 每個長方形再從對角線切一刀。

16 等麵團膨脹成兩倍大後，就在麵團表面塗抹蛋汁。

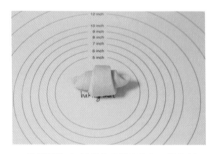

14 將麵團擀平，並從較薄的邊緣處開始將麵團捲起來。

17 放入以185度預熱的烤箱中烤18分鐘。

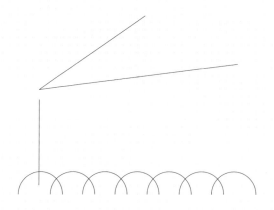

蛋糕裝飾

即使同樣是乳酪蛋糕，放上不同的配料就會讓味道有更多的變化。基礎的乳酪蛋糕也可以透過裝飾，帶來嶄新的感覺。如果覺得吃膩了乳酪蛋糕，那不如就用配料在味道上做變化，用更多不同的搭配來品嘗乳酪蛋糕吧。

口感偏乾卻濃郁的紐約乳酪蛋糕，是乳酪蛋糕當中最受歡迎的一種。只要表面的顏色烤得夠均勻，就完美得不需要其他的裝飾。切蛋糕之前刀如果能用噴燈稍微加熱一下，就能夠切出完美俐落的斷面。只要有一杯熱美式和一片紐約乳酪蛋糕，就能夠享受完美的居家咖啡廳氛圍。

奧利奧乳酪蛋糕

Oreo Cheese Cake

將奧利奧餅乾的碎屑和奶油鋪撒在乳酪蛋糕上，就能夠品嘗到濃郁的奧利奧滋味。放上厚厚一層奶油，最後在灑上奧利奧餅乾增添口感。乳酪的濃郁風味與奧利奧餅乾的甜蜜組合，很適合搭配牛奶一起享用。

青葡萄乳酪蛋糕

吃青葡萄的時候，最有魅力的部分就是在嘴裡噴發開來的果汁與鮮脆的口感，試著將這樣的青葡萄放在乳酪蛋糕上，做成青葡萄乳酪蛋糕。如果使用有籽的青葡萄吃起來會有點澀，推薦選擇無籽青葡萄。將青葡萄對半切開並排放在乳酪蛋糕上，再加點蘋果薄荷增添香氣就行了。吃之前先將蛋糕放入冷凍室約十分鐘，就更能凸顯青葡萄的鮮脆口感。

冰淇淋乳酪蛋糕

這是用一勺冰淇淋做裝飾的乳酪蛋糕，就像在布朗尼上放冰淇淋一樣。在滋味濃郁的乳酪蛋糕上，放上味道簡單又甜的冰淇淋，會讓人有一種蛋糕瞬間在嘴裡融化的錯覺。不過冰淇淋融化之後會使蛋糕變得有點潮濕，所以要盡快吃掉。

棕色乳酪蛋糕需要用到將起司磨碎的起司刨刀。作法是將放在室溫下的棕色起司用刨刀磨碎，再將碎起司放在乳酪蛋糕上。雖然沒有特別的裝飾，但卻給人一種堆滿了積雪的感覺。奶油乳酪的酸與棕色起司的甜蜜焦糖味，是非常契合的兩種味道，適合搭配香濃的拿鐵咖啡。

味道偏甜但不會太強烈，口感又柔軟的香蕉，非常適合用於裝飾乳酪蛋糕。香蕉切片後鞋放在蛋糕上，再搭上一片香噴噴的全麥餅乾。如果沒有全麥餅乾，也可以用蓮花餅乾喔。

黑巧克力乳酪蛋糕
Dark Chocolate Cheese Cake

黑巧克力隔水加熱融化後淋在乳酪蛋糕上，再搭配一個可愛的小泡芙，就完成簡單的裝飾了。可以品嘗到微苦的黑巧克力搭配紮實乳酪蛋糕的美味。在巧克力凝固之前享用，能夠吃到彷彿牙齒都要被黏住一樣的黏稠口感，搭配美式咖啡是最清爽的組合。

藍莓乳酪蛋糕
Blueberry Cheese Cake

這款乳酪蛋糕以新鮮的紫色藍莓與藍莓果醬裝飾，再搭配香草做點綴。一吃進嘴裡就能感覺到藍莓的果汁在嘴裡爆發開來，能充分感受到藍莓的甜，隱隱在嘴裡擴散的藍莓香也極具魅力。藍莓和起司蛋糕的組合，是大人小孩都愛的美味組合。

檸檬糖霜乳酪蛋糕

Lemon Icing Cheese Cake

這款乳酪蛋糕淋上了能刺激口水分泌的酸甜檸檬糖霜。覺得吃膩乳酪蛋糕時，就可以用檸檬糖霜搭配，體驗不同感受的乳酪蛋糕。味道跟檸檬磅蛋糕、檸檬蛋糕十分類似。濕潤且酸甜的滋味，更能深刻體會檸檬的魅力。

草莓乳酪蛋糕

Strawberry Cheese Cake

這是以能營造聖誕節氛圍的鮮紅的草莓搭上鮮奶油做裝飾的乳酪蛋糕，以人人都愛的草莓搭配甜甜的鮮奶油，絕對不會有人不喜歡這款乳酪蛋糕。如果可以使用當季水果而不是冷凍水果，那就再好不過了。

將巧克力融化後放入擠花袋中，以之字形在乳酪蛋糕上擠出巧克力，接著就能將蛋糕放入冷凍室裡讓巧克力融化，然後再用叉子敲碎凝固的巧克力享用，便能品嘗到香甜的美味，即使不太喜歡巧克力也能吃得津津有味。

───── *PART.1* ─────

簡單的
代餐麵包

·材料與計量以一盤爲準，不同的計量會在食譜中標註。

我蒐集了可以讓每一餐吃起來更有氣氛，
製作方法也很簡單的食譜。
用剛烤好的吐司搭配幾種食材，
就能做出不遜於咖啡廳的早午餐。
在草莓季時加草莓，在栗子季時加栗子，
試著做出一桌很有季節感的簡樸料理吧。

起司餐包

Cheese Morning Roll

不想準備太多種食材的時候，就準備兩片起司吧。這是只要餐包跟起司，就能夠簡單完成的餐點。有點懶惰的早晨，就用一杯熱牛奶搭配起司餐包，簡單卻美味。

◇◇◇◇◇◇◇◇◇◇◇◇◇◇◇◇◇◇◇◇◇◇◇◇◇◇◇◇◇◇◇

♦ 食材

餐包3個，切達起司切片1片，莫札瑞拉起司切片1片，乾香芹少許

*餐包做法可參考第37頁。

♦ 做法

1 將餐包對半切開。

2 配合餐包的大小，將切達與莫札瑞拉起司切成四方形。

3 將切達與莫札瑞拉起司放在餐包上。

4 撒上香芹。

5 放入以180度預熱的烤箱中烤2分30秒。

Tip

在起司上頭
撒上香芹粉

香芹富含維生素，常用於湯品、義大利麵與麵包中，也有裝飾的效果。比起很快就會壞掉的新鮮香芹，更建議選擇曬乾香芹，稍微撒一點在起司上，增添起司的風味，看起來也更可口。

巴薩米可醋是多次更換葡萄汁的容器，以不同木質的木桶盛裝釀製而成的葡萄醋。混合橄欖油之後味道清爽且帶點甜味，是香味非常突出的一種醬料。推薦各位可以將鄉村麵包烤到酥脆，再搭配巴薩米可醋來享用。剩下的醬料則可以做沙拉醬料使用。

◆ 食材

鄉村麵包18公分1/2個，橄欖油40克，白巴薩米可醋20克

◆ 做法

1　橄欖油倒入碗中，再倒入白巴薩米可醋後拌勻。（橄欖油與巴薩米可醋的比例最好是2比1。）

2　切下兩塊2.5公分的鄉村麵包，放在陶瓷的烤網上正反面各烤一分鐘，讓麵包變得酥脆。

3　烤好的鄉村麵包裝盤，再搭配步驟1的巴薩米可醋。

Tip

鄉村麵包要用
陶瓷烤網烤

用陶瓷烤網烤箱村麵包，就能讓麵包酥脆且不乾柴。用中小火就不需要經常翻面，只要正反面各烤一分鐘，就能讓麵包呈現金黃酥脆。

布拉塔法式吐司

French Toast and Burrata

小時候媽媽總會拿吐司麵包裹蛋汁,撒上大量的砂糖之後煎給我們吃。我試著用自己的方式,重現了這道回憶中的吐司。將麵包切成大塊,再搭配有濃郁牛奶香的布拉塔起司,楓糖漿也別忘記囉。

◆ 食材

超軟吐司1/2個,雞蛋2個,布拉塔起司1個(120克),牛奶100克,砂糖2大匙,楓糖漿25克,煉乳15克,奶油15克,鹽巴少許

*超軟吐司做法可參考第54頁。

◆ 做法

1　將吐司麵包切成5公分寬的正方體。

2　將雞蛋、牛奶、煉乳、鹽巴倒在一起,以手持打蛋器攪勻。

3　放入切好的麵包浸泡吸收蛋汁。

4　用中火熱平底鍋,熱好後放上奶油,待奶油融化後轉為小火,放上麵包煎2分至2分30秒。

5　將砂糖撒在麵包上,翻面後再煎約40秒。

6　將布拉塔起司對半切開。

7　步驟5的吐司起鍋裝盤,放上布拉塔起司後再淋上楓糖漿。

Tip

在麵包上
撒上砂糖再煎

麵包裹上蛋汁後會變得更濕潤。如果希望最後的口感可以更酥脆,建議撒上砂糖之後再煎一下。做好的吐司則不必另外再撒糖了。

看了電影〈小森林〉後，讓我很想挑戰做燉栗子。雖然很費工也很花時間，但只要一次做多一點，就能吃一整個冬天。加了滿滿栗子的甜滋滋栗子麵包配上燉栗子，就是溫馨豐盛的一餐囉。

◆ 食材

栗子麵包1/3個，栗子800克，砂糖400克，泡打粉3大匙，蘭姆酒10克

*栗子麵包做法可參考第58頁

◆ 做法

1 栗子用溫水浸泡約3小時。

2 將去皮的栗子完全浸泡在水裡，再加入泡打粉浸泡約12小時。

3 將栗子撈出來放入鍋中，加水並以小火燉煮30分鐘，中途要不時將水面的泡沫撈起。

4 用冷水漂洗栗子，然後再倒回鍋子裡，加水後再燉煮20分鐘。

5 將燉煮用的水倒掉，然後再加水煮約20分鐘。最後用冷水洗淨，將沒去乾淨的皮或纖維去除。

6 將栗子放入較深的鍋子中，加入可完全蓋過栗子的水後加糖。

7 接著放到瓦斯爐上用中火煮沸，稍微滾一下之後轉為小火燉煮40分鐘。

8 加入蘭姆酒，待冷卻後裝入消毒過的玻璃容器中。

9 栗子麵包裝盤，搭配燉栗子一起擺盤。

Tip

加入泡打粉
可以去除栗子的澀味

將栗子皮剝掉，加入泡打粉在水中浸泡12小時之後，就可以去除栗子澀澀的口感。如果連皮一起泡，吃起來會覺得口感太澀。

馬鈴薯佛卡夏

Potato Focaccia

佛卡夏是用麵粉加酵母做成的扁平麵包，也是義大利相當常見的一種麵包。清淡有嚼勁的口感非常迷人，可以當餐前麵包享用，也可以搭配其他食材做成正餐品嘗。

◇◇◇◇◇◇◇◇◇◇◇◇◇◇◇◇◇◇◇◇◇◇◇◇◇◇◇

♦ **食材** 2號圓形模具1個份

高筋麵粉350克，水250克，橄欖油25克+少許（塗抹用），砂糖8克，乾酵母（高糖）6克，鹽巴5克，馬鈴薯1個（配料用）

♦ **做法**

1　用玻璃碗裝水，放入微波爐熱30秒。

2　加入砂糖和乾酵母泡開。

3　高筋麵粉與鹽巴過篩，倒入盆中以刮刀輕輕攪拌。

4　將步驟2的酵母糖水和25克橄欖油倒入盆中，攪拌至完全看不見粉狀顆粒爲止。

5　手沾一點橄欖油，將步驟4的麵團由外向內折，共重複3次。

6　將橄欖油塗抹在圓形模具的底部，配合模具大小將麵團鋪平之後，靜置約80分鐘進行第一次發酵。

7　橄欖油淋在麵團上，並用手指在麵團上戳洞。

8　將馬鈴薯切成薄片，在麵團上緊密地鋪排成一個圓形，然後靜置約40分鐘進行第二次發酵。

9　放入以200度預熱的烤箱中烤25分鐘。

Tip

用手指在佛卡夏麵團上戳洞

用手指按壓佛卡夏麵團，直到可以碰到底部爲止。必須戳的夠深，烤完後也才能維持有洞的形狀。如果有另外想搭配的配料，也可以用配料填滿手指戳出來的洞。

番茄佛卡夏

Tomato Focaccia

用番茄和迷迭香搭配會依不同配料而改變風味的佛卡夏。如果是用低溫發酵，可以讓佛卡夏更有嚼勁、烤出來更厚實，這樣就可以橫向切開，做成早午餐三明治享用。加入大量自己喜歡的食材，做成豐盛的一餐吧。

◆ 食材　25公分正方形模具1個份

中筋麵粉200克，水150克，橄欖油25克+少許（塗抹用），乾酵母（低糖）4克，砂糖4克，鹽巴3克，迷迭香1株，小番茄6個，胡椒少許

◆ 做法

1　中筋麵粉過篩後倒入盆中，挖三個洞並分別放入酵母、砂糖與鹽巴。

2　加入微溫水與15克橄欖油，用刮刀拌至看不見粉末顆粒。

3　麵團成形後包上保鮮膜，在室溫下靜置約60分鐘進行第一次發酵。

4　在正方形模具中塗抹橄欖油。

5　發酵好的麵團放入模具中，鋪平後用手壓出幾個洞，並放入冰箱冷藏靜置12小時進行第二次發酵。

6　發酵完成後從冰箱將麵團拿出，在室溫下靜置20分鐘。

7　在麵團上頭放上對半切開的小番茄，淋上10克的橄欖油，再撒上切碎的迷迭香。

8　烤箱以230度預熱，接著將麵團跟1杯熱水一起放入烤箱中，以220度烤20分鐘。

Tip

在冰箱冷藏室靜置
至少12小時進行低溫發酵

如果沒辦法等那麼久，就在睡前把麵團準備好，放入冰箱裡進行約12小時的低溫發酵，這樣就能烤出外皮酥脆、內裡有嚼勁的佛卡夏，可以隨時吃到美味的麵包。

試著在奶油中加入喜歡的香草和食材,做成專屬自己的奶油吧。可以抹在熱熱的麵包上,也可以用於料理,是使用上相當靈活的奶油。在麵包上塗抹大蒜香草奶油,吃起來感覺就像是清爽的大蒜麵包。

◇◇◇◇◇◇◇◇◇◇◇◇◇◇◇◇◇◇◇◇◇◇◇◇◇◇◇◇◇◇

♦ 食材

奶油250克,蒜泥30克,香芹10克,鹽巴6克

*鹽麵包的作法請參考第43頁。

*奶油放於室溫下。

♦ 作法

1　奶油放入碗中,輕輕拌開。

2　將香芹切碎。

3　大蒜、香芹、鹽巴倒入奶油中,以刮刀攪拌。

4　將奶油盛到保鮮膜上,包起來之後塑形,並放入冰箱冷藏約3小時。

Tip

用保鮮膜將奶油
包起來塑形後凝固

把保鮮膜攤開,將奶油放上去後調整成理想的形狀。如果沒有要一口氣把奶油吃完,就放入冰箱冷藏3小時等奶油凝固定型,然後再分成小份使用。

如果吃膩了水果醬，那這次試著做伯爵醬來搭配可頌吧，可以品嘗到跟奶茶不同的魅力喔。香噴噴的可頌搭配帶著隱約紅茶香的伯爵醬，再搭配鋪著一層綿密熱奶泡的咖啡拿鐵，可說是絕配。

◆ 食材

可頌1個，伯爵醬45克，奶油20克

伯爵醬
伯爵茶葉10克，牛奶500克，鮮奶油250克，砂糖80克

*可頌的作法可參考第67頁。

◆ 作法

1　水倒入鍋中以中火煮沸，接著放入玻璃容器消毒，消毒完後將容器完全擦乾。

2　將伯爵茶葉、牛奶、鮮奶油倒入鍋中熬煮5分鐘。

3　接著將茶葉撈出並加入砂糖，以中火熬煮約10分鐘，熬煮過程中要一邊用刮刀攪拌，避免底部燒焦。

4　沸騰經過一段時間後就轉為小火，一邊攪拌一邊熬煮約30分鐘。

5　確認煮好的醬泡入冷水中仍會凝結在一起不會散開，但注意別熬煮得太黏稠。

6　調整到理想的濃度之後就關火放涼。

7　將步驟6的伯爵醬裝入消毒好的玻璃容器中。

8　可頌對半切開，抹上伯爵醬。

9　將奶油以0.5公分切片，夾在可頌中間。

Tip

在可頌上塗抹
厚厚的伯爵醬

伯爵醬的甜度不高，即使大量塗抹吃起來也不會太有負擔。也可以塗抹後放上奶油，然後再在奶油上塗一層。

巧克力麵包與巧克力醬

烤巧克力麵包的時候，會有一股甜蜜的香味彌漫在家中，讓人感覺無比幸福。巧克力麵包可以吃到巧克力碎片的甜和酥脆口感，也可以再將微苦的黑巧克力融化後塗抹搭配。如果能再搭配一杯香濃的牛奶，那絕對能讓人一吃再吃。

◆ 食材

鮮奶油90克，黑巧克力40克，奶油4克，鹽巴3克

*巧克力麵包的作法請參考第63頁

◆ 作法

1 鮮奶油加熱並放入黑巧克力，用小火熬煮並以刮刀慢慢攪拌融化，注意不要加任何水。

2 黑巧克力融化後就關火，加入奶油和鹽巴後攪拌。

3 巧克力醬完成後先放涼。

4 將步驟3的巧克力醬塗抹在準備好的巧克力麵包上。

Tip

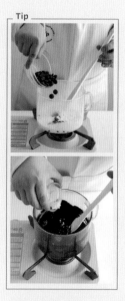

巧克力醬裡要加鹽巴

在甜甜的巧克力醬裡加鹽巴或許會讓人很意外，但鹽巴的鹹反而能夠讓味道更有層次，讓人食指大動喔。

96

舒芙蕾鬆餅

Soufflé Pan Cake

蓬鬆柔軟的舒芙蕾鬆餅，是道光看都能讓人心情變好的甜點。鬆餅本身十分清爽，適合任何一種配料，可以搭配當季水果，也能搭配甜甜的糖漿。一起來挑戰不輸知名咖啡廳的舒芙蕾鬆餅吧。

◆ 食材

砂糖45克，低筋麵粉30克，牛奶25克，水20克，奶油10克，蛋黃3個份，蛋白3個份，泡打粉5克，香草濃縮液2克，香蕉1/2根（配料用），打發鮮奶油28克（配料用），肉桂粉少許（配料用）

◆ 作法

1 蛋黃打入料理盆中，並用手持打蛋器打散。

2 加入牛奶、香草濃縮液後拌勻。

3 低筋麵粉、泡打粉過篩入料理盆中，再用打蛋器拌勻。

4 將蛋白倒入沒有任何水氣的料理盆中，用手持攪拌機快速打發。

5 砂糖分3次加入蛋白中，同時以中等速度持續打6分30秒，直到打出紮實的蛋白霜之後，再倒入步驟3的料理盆中攪拌，但注意不要讓蛋白霜消氣。

6 奶油放到平底鍋上加熱，融化後以廚房紙巾將多餘的奶油擦掉，將步驟5的麵糊裝入擠花袋中，分3次擠入平底鍋中。

7 轉為小火後加入10克的水，蓋上蓋子烤3分鐘。

8 接著再擠一次麵糊，蓋上蓋子後再多烤1分30秒，接著用刮刀翻面，再倒入10克的水後蓋上蓋子烤4分鐘。

9 香蕉斜切片，並用冰淇淋勺挖一勺鮮奶油。

10 將步驟8烤好的舒芙蕾鬆餅裝盤，撒上肉桂粉之後放上香蕉和鮮奶油做裝飾。

Tip

用擠花袋擠麵糊

將麵糊裝入擠花袋中，像在擠奶油一樣分三段將麵糊擠入平底鍋中，就能夠避免麵糊往兩旁散開，更能夠維持形狀。其實用冰淇淋勺也可以，但這樣麵糊較容易散開，所以推薦使用擠花袋。

在草莓季結束之前，挑選小顆的草莓做成糖煮草莓吧。保留果肉口感的糖煮草莓，加上起司跟吐司，就會是非常有氣氛的一頓早餐。如果能用甜度高的當季草莓來做，絕對會是更好的選擇。

〜〜〜〜〜〜〜〜〜〜〜〜〜〜〜〜〜〜〜

◆ 食材

鬆軟吐司麵包1片，草莓100克，砂糖500克，奶油乳酪15克，檸檬汁10克

* 鬆軟吐司麵包作法可參考第54頁。

◆ 作法

1 草莓去蒂並洗乾淨後將水擦乾，裝在玻璃碗中並加入砂糖後靜置3小時。

2 鍋子裝水，以中火煮沸後倒入玻璃容器中消毒，消毒完後讓玻璃容器完全乾燥。

3 將醃到出水的草莓倒入鍋中以小火煮沸，如果有泡沫記得撈掉。

4 加入檸檬汁後再煮20分鐘，一邊將泡沫撈掉一邊調整濃度。

5 將步驟4的糖煮草莓倒入玻璃容器中放涼。

6 麵包放入以180度預熱的烤箱中烤2分30秒，烤至酥脆。

7 將奶油乳酪放在麵包上。

8 把步驟5已經冷卻的糖煮草莓放在麵包上。

Tip

在糖煮草莓裡加檸檬汁

熬煮果醬的時候加檸檬汁可以提升黏性，讓煮出來的果醬不會太稀，如果沒有檸檬汁也可以用檸檬果汁代替。甜與酸完美融合，還可以稍微延長保存期限。

我始終對在英國波羅市場吃過的甜甜圈難以忘懷，所以就自己挑戰了這款鬆軟的甜甜圈。推薦大家可以做一個超大的環形甜甜圈，再搭配冰淇淋和威士忌試試看，你會發現威士忌香與香草冰淇淋是非常美味的組合。

◆ 食材

高筋麵粉360克，雞蛋100克，水90克，奶油52克，牛奶40克，砂糖35克，鹽巴6克，乾酵母（高糖）5克，香草冰淇淋120克（配料用），威士忌40克（配料用），食用油適量

＊牛奶放於室溫下，水應使用微溫水。

◆ 作法

1　高筋麵粉過篩，並將除了奶油與食用油之外的所有食材倒入料理盆中，用手搓揉10分鐘。

2　麵團成形後便加入奶油，並摔打麵團直到麵團不黏手，麵團必須維持濕軟。

3　將麵團揉成圓形，放在料理盆中靜置90分鐘進行第一次發酵。夏天大約只需要70分鐘，冬天則需要90分鐘較為恰當。

4　當麵團膨脹成兩倍大後，就將其中的空氣壓除，並將麵團分成8等份。

5　麵團揉成圓形並放在烘焙紙上，用手掌壓成扁平的圓形。

6　利用擠花嘴後面的圓形將中心的麵團切掉，讓麵團成為環形，接著靜置40分鐘進行第二次發酵。

7　食用油以180度預熱好，放入步驟6的麵團後油炸約1分30秒，油炸過程中需翻面。

8　炸好的甜甜圈放在托盤上，瀝掉多餘的油。

9　甜甜圈裝盤，放上香草冰淇淋後淋上威士忌。

Tip

完美發酵就能讓甜甜圈有腰帶

如果麵團發酵得好，油炸的時候外圈就會產生一圈腰帶。在發酵需要較多時間的冬天，麵團有時候不會膨脹成兩倍大，反而會發酵不足。所以建議夏天只需要發酵70分鐘，冬天則要跟熱水一起放入烤箱發酵，這樣才能夠發酵好，讓油炸後的甜甜圈有腰帶且保持有嚼勁的口感。

羅勒司康

說到英國，首先想到的就是清爽的司康，這次我在司康裡加了隱約帶點香氣的迷人羅勒。偶爾會因為太過乾硬的口感而難以吞嚥，要搭配一杯咖啡或紅茶，才能夠輕鬆品嚐，也是司康的獨特魅力之一。就用司康和凝脂奶油，享受悠閒的英式下午茶時光吧。

◆ 食材

低筋麵粉220克，奶油65克，牛奶60克+少許（塗抹用），砂糖40克，羅勒糊20克，雞蛋1個，凝脂奶油2大匙，泡打粉5克，鹽巴1克

* 奶油放於低溫下。

◆ 作法

1　低筋麵粉、泡打粉過篩後倒入料理盆中，加入砂糖和鹽巴拌勻。

2　奶油切塊加入盆中，並用刮刀以切拌的方式拌勻。

3　加入羅勒糊攪拌後，再加入雞蛋、牛奶後拌成完整的麵團。

4　將成形的麵團放入冰箱冷藏30分鐘熟成，接著再用刮板將麵團壓平。

5　麵團對折成四方形，這個步驟需重複2次。

6　將麵團放入冰箱冷藏，靜置1小時再進行熟成。

7　將麵團從冰箱拿出，以刮板切成理想的形狀。

8　牛奶塗抹在麵團表面。

9　烤箱以190度預熱，放入步驟8的麵團以180度烤25分鐘。

10　烤好的司康裝盤，搭配凝脂奶油。

Tip

司康進烤爐前先塗抹奶油

用刷子在司康表面刷上奶油或蛋汁，就能夠讓司康表面變得金黃。這不是必要的步驟，只是這樣能讓司康看起來更美味。

雞蛋麵包

將英式馬芬挖空並打入一顆雞蛋再用烤箱烤熟，就能輕鬆做出雞蛋麵包，加了雞蛋也讓這份點心更有飽足感。讓我們用更簡單的方法，挑戰這些能在寒冷的冬天帶來溫暖的點心吧。

◆ 食材

英式馬芬1個，雞蛋1個，鹽巴少許，胡椒少許

*英式馬芬的作法請參考第40頁

◆ 作法

1　在英式馬芬的中央放上圓形模具，將中心挖空。

2　把蛋打在挖空的部分。

3　用尖銳的工具戳蛋黃3至4次，注意別把蛋黃戳破。

4　撒上鹽巴、胡椒。

5　放入以180度預熱的烤箱中烤15分鐘。

Tip

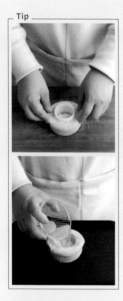

英式馬芬不要挖穿

在挖英式馬芬時，如果把底部挖穿，打蛋時就會讓蛋流出來。建議使用圓形餅乾模具，或是用刀子挖出一個圓，保留底部並挖掉不要的部分。

洋蔥奶油乳酪貝果

Bagel and Onion Cream Cheese

在這道甜點中，我們可以吃到洋蔥的風味與奶油乳酪的柔軟口感。清淡且健康，感覺更美味了。在超有嚼勁的貝果上頭，塗抹很有咀嚼口感的洋蔥奶油乳酪醬，將會是超級美味的組合。

◆ 食材

貝果1個，奶油乳酪200克，鮮奶油130克，洋蔥70克，糖粉50克，芥末7克

*貝果作法請參考第50頁。

*奶油乳酪放於室溫下。

◆ 作法

1 將奶油乳酪輕輕打散，加入糖粉後拌勻。

2 洋蔥切碎。

3 將鮮奶油、芥末加入步驟1的奶油乳酪中，用刮刀拌勻。

4 將步驟2切好的洋蔥放入步驟3中並拌勻。

5 貝果對半切開。

6 在半邊貝果上塗抹大量的洋蔥奶油乳酪，剩下的則塗抹在貝果的另一邊。

Tip

洋蔥要切碎

因為洋蔥是生吃，所以切碎之前建議先浸泡冷水去除辣味。建議也要切碎，這樣跟奶油乳酪拌在一起才不會影響味道和口感。

披薩、三明治、義大利麵等料理
雖然很適合在餐廳或咖啡廳享受，不過在家自己做也不困難喔。
我們經常能在社群上看到別人炫耀自己手藝的照片。
接下來就介紹不輸一般咖啡廳正餐，卻又能更加飽足的食譜。
比起從外面買來吃，自己動手做可以有更多變化，
也能活用家中的食材，讓人更想挑戰自己動手做。

這款三明治裡加了經常用於韓國料理中的珠蔥。做菜時總會剩下一些份量不多的珠蔥,我把它們當成食材做成三明治。珠蔥香氣四溢帶點鹹味,與新鮮的蝦子搭配在一起意外地合適。

◆ 食材　1個份

鬆軟吐司麵包2片,小隻的蝦子8隻,洋蔥40克,珠蔥2株,美乃滋3大匙,檸檬汁2克,鹽巴2克,胡椒2克,橄欖油少許

*鬆軟吐司麵包作法可參考第54頁。

◆ 作法

1　洋蔥先切塊後再切碎。

2　珠蔥洗乾淨後切成0.5公分的蔥花。

3　珠蔥與蔥花倒入碗中,加入美乃滋、鹽巴拌勻。

4　加入檸檬汁拌勻。

5　橄欖油均勻塗抹在熱好的平底鍋上,處理好的蝦子下鍋,撒上胡椒後煎至焦黃。

6　麵包放入烤土司機,烤4分鐘讓邊緣變酥脆。

7　將步驟4的醬料塗抹在麵包上,再把步驟5的蝦子平均排列在麵包上,然後蓋上另一片麵包。

Tip

蝦子煎至焦黃,
像裹上一層外皮

冷凍蝦子解凍後要將多餘的水份擦乾再煎,這樣才不會出水。煎蝦子時撒上胡椒,就能夠讓蝦子表面更酥脆。

英式馬芬是英國人早餐吃的麵包,口味不甜且口感鬆軟。馬芬夾蛋就是利用英式馬芬抹上荷蘭醬,再加水煮蛋做成的簡單料理,可以品嘗到蛋黃最原始的美味。如果想要有飽足的一餐,也可以再搭配培根、火腿等配料。

◆ 食材 2個份

英式馬芬2個,雞蛋2個,蛋黃2個份,奶油60克,醋1大匙,芥末2小匙,檸檬汁1小匙,鹽巴少許,胡椒少許,紅椒少許 (裝飾用)

*英式馬芬作法可參考第40頁。

◆ 作法

1　奶油裝在碗中隔水加熱融化。

2　蛋黃打到碗裡,並用打蛋器打散。

3　加入一點步驟1的奶油,並以打蛋器快速攪拌。

4　等顏色漸漸變淡,就加芥末、檸檬汁、鹽巴、胡椒,攪拌至呈現黏稠狀。

5　鍋子裝水煮至沸騰,然後加入醋並以筷子攪拌出漩渦。

6　把雞蛋打入水中,並持續以筷子攪動。

7　蛋黃慢慢煮熟後就關火,用湯匙將雞蛋撈起來。

8　英式馬芬對半切開,塗抹上步驟4做好的荷蘭醬。

9　把步驟7做好的水煮蛋放上去,再撒上紅椒。

Tip

在加了醋的水裡攪出漩渦,
再把蛋打進去

在水裡加1大匙的醋,然後用筷子攪拌兩、三圈做出漩渦之後,就必須立刻把蛋打進去。接著用筷子一邊攪一邊煮蛋,這樣才能做出形狀圓滑的漂亮水煮蛋。

雞蛋三明治

Egg Sandwich

這是加了濕潤滑嫩蛋捲的厚實三明治。隱約的甜味和能夠去除油膩感的山葵,是非常契合的兩種味道。將厚實的蛋捲夾在餐包裡面,就會是一道外型超可愛的餐點了。

◇◇◇◇◇◇◇◇◇◇◇◇◇◇◇◇◇◇◇◇◇◇◇◇

♦ 食材 3個份

餐包3個,雞蛋6個,美乃滋4大匙,蜂蜜2大匙,調味醬油1大匙,料理酒1大匙,芥花油1/2大匙,山葵1小匙,玫瑰鹽少許

*餐包作法可參考第37頁。

♦ 作法

1　蛋打在碗裡,加入蜂蜜、調味醬油、料理酒與玫瑰鹽拌勻後過篩。

2　平底鍋以中火預熱,鍋子熱好之後倒入芥花油,再用廚房紙巾將油均勻抹至整個鍋子。

3　轉為小火,倒入薄薄的一層蛋汁,加熱約30至40秒。

4　用刮刀慢慢將蛋皮捲起來。

5　重複上面的步驟,將蛋汁分4至5次重複倒入,就能做出四方形的蛋捲,做好之後放到砧板上散熱。

6　將美乃滋和山葵拌在一起。

7　餐包對半切開,並在其中一邊抹上步驟6的醬。

8　配合餐包的大小將步驟5的蛋捲切開,然後夾在兩片餐包之間。

Tip

**在美乃滋裡加入山葵,
可以去除油膩**

甜鹹甜鹹的蛋捲裡加點山葵,就能夠去除油膩感,還能夠更加襯托甜味。不會太刺激鼻子的少量山葵,跟雞蛋可說是絕配。

拱佐洛拉是義大利經典的藍起司，有著強烈的刺鼻氣味，很適合搭配蜂蜜、堅果類一起享用。也可以用炸過的蒜頭代替堅果搭配蜂蜜，吃起來更香、更美味。搭配白酒一起享用，則會是最出色的下酒菜。

◆ **食材** 15公分高的圓形幕斯模具1個份

中筋麵粉100克，低筋麵粉100克，水100克，奶油80克，蒜片30克，拱佐洛拉起司20克，砂糖7克，鹽巴2克，蜂蜜少許（配料用）

餡料
雞蛋3個，牛奶120克，鮮奶油55克，鹽巴1克，胡椒少許

◆ **作法**

1 中筋麵粉與低筋麵粉過篩後倒入料理盆中。

2 奶油切塊，跟砂糖、鹽巴一起放入步驟1的料理盆中，以刮板一邊將奶油切開一邊拌勻。

3 在麵糊上挖出凹洞並一點一點地加水，一邊調整濃度一邊搓揉。

4 揉成不黏手的麵團之後用塑膠袋把麵團裝起來，放入冰箱冷藏約30分鐘讓麵團休息。

5 把冰好的麵團拿出來，用擀麵棍擀平，放入幕斯模具裡將底部填滿，麵團多出來的部分就靠著模具的側邊貼好。

6 用叉子在麵團底部戳出密集的小洞。

7 將雞蛋、牛奶、鮮奶油、鹽巴、胡椒倒入碗中，以打蛋器拌勻。

8 將步驟7做好的餡料倒入步驟6的模具中，放入以180度預熱的烤箱中烤約25分鐘。

9 把烤好的鹹派拿出來，將切碎的拱佐洛拉起司一點一點撒在上面，最後再撒上蒜片。

10 放入以180度預熱的烤箱中再烤7分鐘，最後淋上蜂蜜。

Tip

蒜片要後放

拱佐洛拉起司是一種氣味強烈，喜好十分兩極的食材，為了中和強烈的刺鼻氣味，所以才會搭配蒜片和蜂蜜。因為蒜片已經油炸過了，所以用烤箱二次加熱時，只需要讓拱佐洛拉起司稍微融化就可以了。

蛋塔

在酥脆且紮實的法式甜塔皮（Pâte Sucrée）的塔皮上填入滿滿的餡料，做成又香又甜的美味蛋塔。由於是一款酥脆如餅乾的蛋塔，所以就算放久一點也不會變濕軟，能夠完整品嘗到剛出爐時的美味。

◆ **食材** 6個份

雞蛋1個，低筋麵粉116克，奶油60克，糖粉46克，鹽巴2克

餡料

牛奶150克，鮮奶油70克，蛋黃58克，砂糖30克，香草濃縮液2克

*奶油與雞蛋放於室溫下。

◆ **作法**

1　奶油裝在料理盆中，以打蛋器輕輕打散，再打入雞蛋拌勻。

2　低筋麵粉、糖粉與鹽巴過篩入料理盆中，跟奶油和蛋拌在一起。

3　麵團完成後放在保鮮膜上，折成棍狀後放入冰箱冷藏約30分鐘讓麵團休息。

4　牛奶與鮮奶油一起倒入熱牛奶鍋中，以中火加熱1分20秒，接著加入砂糖和香草濃縮液，再多滾30秒。

5　將蛋黃打入碗中，打散後倒入步驟4的鍋中，以打蛋器攪拌後過篩。

6　將步驟3休息完的麵團分成6等份，放入馬芬模具裡幫麵團塑形。

7　以叉子在麵團底部戳洞，並倒入步驟5的餡料。

8　烤箱以200度預熱，蛋塔以190度烤25分鐘。

Tip

餡料約填至麵團的
百分之90滿

餡料要是倒太多，烤出來餡料就會膨脹並溢出。如果餡料溢出來留到烤盤與麵團底部中間，就可能使麵團烤焦，所以只要填至百分之90滿就好。

冷風呼呼的日子來碗暖胃的馬鈴薯濃湯，搭上口味清爽的棍子麵包或英式馬芬，不僅簡單又能兼顧飽足感。藉著沙拉補充蔬菜，再拿麵包去沾剩餘的濃湯，這一餐肯定能點亮你的心情。

◇◇◇◇◇◇◇◇◇◇◇◇◇◇◇◇◇◇◇◇◇◇

◆ **食材** 2人份

英式馬芬2個，馬鈴薯300克，洋蔥260克，芝麻菜30克，切達乳酪切片1片，小番茄4顆，橄欖3顆，牛奶300克，水100克，鮮奶油80克＋一小匙（裝飾用），奶油30克，雞湯塊3克，橄欖油1大匙，巴薩米可醋1小匙，胡椒少許

*英式馬芬的作法請參考第40頁。

◆ **作法**

1　馬鈴薯切塊，洋蔥切成細絲。

2　平底鍋熱好後放入奶油，奶油融化後洋蔥便可下鍋，以中火炒到變成褐色。

3　加入馬鈴薯並將馬鈴薯炒熟，接著加入牛奶與鮮奶油，燉煮至馬鈴薯變軟爛。

4　以手持攪拌機打成馬鈴薯泥，接著加入水、雞湯塊、切達乳酪調味。

5　步驟4做好的馬鈴薯濃湯起鍋裝盤，放上一點裝飾用鮮奶油後再撒上胡椒。

6　芝麻菜、小番茄與橄欖裝在碗裡，淋上橄欖油與巴薩米可醋後拌勻。

7　英式馬芬放入以175度預熱的烤箱裡加熱約1分30秒，然後再切成4等份。

8　馬鈴薯濃湯搭配步驟6的沙拉以及熱好的英式馬芬。

Tip

用手持攪拌機打濃湯，
口感才會更溫潤

洋蔥炒約30分鐘就會變色。將炒過的洋蔥與馬鈴薯一起用攪拌機打成泥，就能讓湯的質感變濃稠，同時讓口感更溫和順口，味道也更香。

茄子培根鹹派

Eggplant and Bacon Quiche

鹹派是法國最經典的雞蛋料理，加入菠菜、香菇、番茄等各種蔬菜食用，就會是相當飽足的一餐，即使是不愛吃菜的小孩也能吃得津津有味。將茄子加入鹹派當中，就能讓平時不喜歡茄子軟爛口感的人也享受到茄子的美味。

◇◇◇◇◇◇◇◇◇◇◇◇◇◇◇

♦ 食材 20公分圓形塔模1個份

茄子2條，雞蛋4個，培根5條，低筋麵粉180克，牛奶150克，奶油100克，鹽巴10克，胡椒少許，蛋汁少許（塗抹用）

*奶油放於室溫下。

♦ 作法

1　奶油裝在碗裡輕輕拌開，篩入低筋麵粉與6克鹽巴後拌成麵團。

2　打一個蛋，然後跟麵團拌在一起。

3　將揉好的麵團對折，放在烘焙紙上鋪平成1公分厚，放入冰箱冷藏30分鐘至1小時讓麵團休息。

4　茄子切塊，培根切成細絲。

5　平底鍋熱好後培根先下鍋炒，接著茄子下鍋，加入鹽巴2克、胡椒並以中火拌炒。

6　把3個雞蛋打入碗中，加入牛奶、2克鹽巴後以打蛋器打散。

7　將步驟3的麵團拿出來，配合塔模的形狀塑形後用叉子在底部戳洞，再鋪上烘焙紙並以壓派石壓住。

8　烤箱以190度預熱好後轉爲175度，派皮放入烤箱烤約15分鐘。

9　將烤過的麵團拿出烤箱，拿下壓派石後塗抹薄薄的一層蛋汁，再放入烤箱中烤5分鐘。

10　將步驟5的餡料鋪在塔皮上，再倒入步驟6的蛋汁後，放入以180度預熱的烤箱烤30分鐘。

Tip

用培根的油炒茄子

培根炒過會出油，直接用這個油炒茄子，就能夠避免茄子變軟爛。做餡料使用的茄子建議不要斜切成段，而是切成塊狀，這樣吃起來比較方便。

如果想吃法式火腿起司三明治，又同時想吃酥脆的吐司，那我推薦綜合這兩種魅力的蒙特克里斯托三明治。塗抹甜度適中的藍莓果醬，還能增加咀嚼的口感。甜與鹹的組合，是讓人上癮的美味。

◆ 食材　1個份

鬆軟麵包3片，火腿切片5片，莫札瑞拉起司切片2片，雞蛋2個，藍莓果醬2大匙，蜂蜜芥末醬1大匙，沙拉油適量，糖粉少許（裝飾用）

*鬆軟麵包作法請參考第54頁

◆ 作法

1　拿一片麵包塗抹藍莓果醬，並放上兩片莫札瑞拉起司，接著再蓋上一片麵包，塗抹蜂蜜芥末醬，接著放上火腿，再蓋上一片麵包。

2　打兩顆蛋，並將步驟1的麵包放入其中充分裹上蛋汁。

3　倒入足夠的沙拉油到炸鍋中，油加熱至170度之後，將步驟2裹好蛋汁的麵包放入其中油炸約1分30秒，油炸過程中要適時翻面。

4　吐司放在托盤上，將多餘的油瀝掉。

5　等稍微冷卻後就撒上糖粉。

Tip

讓吐司麵包完全吸附蛋汁

蒙特克里斯托三明治因為多層堆疊，所以中間的麵包可能會吸不到蛋汁，建議可以用手抓好吐司，避免中間的料跑出來，並同時旋轉麵包以讓麵包吸飽蛋汁，這樣就能做出外皮酥脆內裡濕潤的三明治。

香菇烤肉披薩

Mushroom and Bulgogi Pizza

這是加了蔬菜、牛肉、香菇的營養披薩。如果家中有剩餘的烤肉可以拿來做成這道披薩，香菇用微鹹的蠔油和醬油調味就不會太油膩。另外也可以用茄子、甜椒來代替香菇，做更多變化。

◆ 食材　15公分披薩2個份

洋菇12個，平菇300克，烤肉150克，高筋麵粉225克＋少許（防沾黏用），莫札瑞拉起司200克，水120克，濃醬油6大匙，蒜泥2大匙，蠔油2大匙，砂糖3克，鹽巴2克，乾酵母（高糖）2克，格拉娜帕達諾起司少許（裝飾用），玉米粉少許（防沾黏用））

◆ 作法

1　高筋麵粉過篩入料理盆中，加入砂糖、鹽巴、乾酵母後拌勻。

2　倒入微溫水攪拌約15分鐘成黏稠的麵糊。

3　在桌上撒上防沾黏用的高筋麵粉，將麵糊搓揉成不黏手的麵團。接著將麵團跟1杯熱水一起放入烤箱中，靜置約1小時20分鐘進行第一次發酵。

4　發酵完成後將麵團中的空氣排掉，再將麵團切成2等份。

5　在麵團上撒上玉米粉，擀成15公分大之後鋪上莫札瑞拉起司。

6　將蠔油、濃醬油、蒜頭倒入碗中拌勻。

7　平底鍋熱好後平菇下鍋，炒到水份揮發後倒入步驟6的醬料拌炒。

8　將步驟7炒好的平菇鋪在步驟5的麵團上，接著再鋪上烤肉。

9　洋菇切片放上去，最後用起司刨刀刨一點格拉娜帕達諾起司上去。

10　放入以200度預熱的烤箱鐘烤17分鐘。

Tip

用格拉娜帕達諾起司
增添風味

熟成時間短的格拉娜帕達諾起司很適合入菜。放上洋菇之後再撒上如白雪般的格拉娜帕達諾起司，就能品嘗到清淡的洋菇與起司的香醇美味。

129

熱狗麵包

Sausage Bread

在鹽麵包麵團中加入奶油，讓奶油的香味刺激鼻尖，會讓人產生想盡快享用早餐的念頭。在簡單的麵包裡灑上鹽之花，就能讓麵包吃起來帶有鹹味。熱狗也能帶來充分咀嚼的口感，讓人感覺早餐十分飽足。

♦ 食材 2個份

鹽麵包2個，熱狗2條，墨西哥辣椒8塊，番茄醬20克，鹽之花1撮（配料用），巧克力裝飾筆（裝飾用），蜂蜜芥末醬少許

*鹽麵包作法請參考第43頁。

♦ 作法

1　鹽麵包對半切開，熱狗則以0.5公分為間隔切出刀痕。

2　熱狗以滾水燙30至40秒。

3　在麵包裡塗抹蜂蜜芥末醬，放上墨西哥辣椒後塞入熱狗。

4　擠上番茄醬，再將另一邊的鹽麵包蓋上。

5　在麵包上撒鹽之花。

6　用巧克力裝飾筆畫出可愛的表情。

在熱狗上畫出刀痕，並在麵包上畫出表情，讓麵包更趣味

這樣能讓熱狗麵包有牙齒，讓人聯想到傻笑的可愛模樣。熱狗不要切塊，而是以0.5公分為間隔劃刀痕，再用滾水燙過之後，熱狗就會膨脹起來，看起來就像是露牙齒傻笑的模樣。最後再用巧克力裝飾筆畫上眼睛，就能讓麵包看起來更有趣。

這是許多窗明几淨的美麗咖啡廳中最受歡迎的餐點。放入個人喜歡的水果，搭配大量甜甜的奶油一起一口咬下去，就能陷入幸福的滋味中。是一款非常適合搭配熱美式咖啡的水果鮮奶油三明治。

◆ 食材　1個份

鬆軟吐司麵包2片，草莓3個，奇異果2個，香蕉2/3根，鮮奶油150克，砂糖10克，煉乳5克

*鬆軟吐司麵包作法請參考第54頁

◆ 作法

1　香蕉剝皮後切成3等份，草莓去蒂並洗乾淨，再將水擦乾。奇異果剝皮後切下左右兩端的蒂頭，可直接整顆使用。

2　裝一盆冰水，再拿一個碗倒入鮮奶油、砂糖、煉乳並將碗放在冰水中，以手持攪拌機高速打1分30秒。

3　在桌上鋪好保鮮膜，放上一片麵包，接著將步驟2的鮮奶油大量塗抹在麵包上，然後依序放上水果。

4　再拿一片麵包並塗抹大量鮮奶油，蓋在水果上面並用保鮮膜包起來固定。

5　放入冰箱冷藏30分鐘。

6　將吐司麵包的邊緣切掉，再對切開露出中間的水果。

Tip

在保鮮膜上拼裝食材

在保鮮膜上拼裝食材，就可以避免食材四散。在包著保鮮膜的狀態下將三明治切開，切面會比較工整。水果一定要放在麵包的中間，這樣切開的時候才能看見水果的切面，視覺上也比較好看。

奶油義大利麵一不小心就會太油膩，但如果加入增添咀嚼感的明太子，微鹹的滋味能完美中和奶油的香。試著用這樣一道讓人宛如置身餐廳的特別料理，來享用美味的一餐吧。

◆ 食材 1人份

硬麵包1個，義大利麵條120克，明太子醬50克，鮮奶油200克，煮麵水45克，蛋黃1個，生蒜片30克，橄欖油2大匙，蒜泥1小匙，鹽巴少許，胡椒少許，乾香芹少許（裝飾用）

*硬麵包做法請參考第47頁。

◆ 作法

1　湯鍋裝水煮沸後放入麵條，煮約8分鐘。

2　明太子醬包裝對半切開，用刀背將包在外面的膜刮除。

3　平底鍋熱好後倒入橄欖油，蒜泥與生蒜片下鍋拌炒。

4　步驟1燙好的義大利麵下鍋炒約1分鐘。

5　加入鮮奶油、煮麵水、鹽巴、胡椒後拌炒。

6　加入步驟2的明太子，拌勻後加入蛋黃快速攪拌。

7　將硬麵包頂部切除，用刀子把中心挖空，再將步驟6的明太子奶油義大利麵裝入，最後撒上香芹。

Tip

挖空硬麵包

刀子直立切入麵包中將麵包挖空，但要注意避免挖到底將麵包挖破。底部如果被挖破或是太薄，就會太快吸收醬料並流到盤子上，讓硬麵包變得太濕軟。

鮭魚貝果三明治

Salmon Bagel Sandwich

鮭魚搭配麵包或許會讓人感到陌生，但只要吃過便是永生難忘的美味。厚切鮭魚搭配超有嚼勁的貝果，做成三明治就是相當飽足的一餐。各位可依照個人喜好選擇生鮭魚或燻鮭魚搭配。

◆ **食材** 1人份

貝果1個，鮭魚130克，萵苣3片，洋蔥1/2個，醃黃瓜30克，寡糖15克，第戎芥末醬15克，美乃滋3大匙，檸檬汁2大匙，料理酒2小匙，鹽巴3克，胡椒3克

*貝果的作法請參考第50頁。

◆ **作法**

1 鮭魚用自來水輕輕洗淨，再用廚房紙巾將水擦乾並塗抹上料理酒。

2 洋蔥和醃黃瓜切碎裝入碗中，倒入寡糖、美乃滋、檸檬汁、鹽巴、胡椒攪拌。

3 貝果對半切開，並與一杯水一起放入以165度預熱的烤箱中，烤約2分30秒。

4 鮭魚切成0.5至1公分厚。

5 在其中一片貝果的切面上塗抹第戎芥末醬，放上萵苣並淋上步驟2的醬料，再放上鮭魚。

Tip

在鮭魚上塗抹料理酒可去除腥味

如果怕鮭魚的腥味，可以塗抹料理酒並包上保鮮膜靜置10分鐘。料理酒可以去除鮭魚的腥味，也能讓鮭魚吃起來更鮮甜。

布里燻牛肉三明治

Brie Pastrami Sandwich

燻牛肉是一種煙燻牛肉,非常適合搭配味道柔和的布里乳酪和香醇的黑胡椒,跟紅酒更可說是天作之合。如果能再加一點清爽的醃白菜,那就算搭配的乳酪選擇不多,也能夠讓眾人享受一場滿足的家庭派對。

◆ **食材** 3個份

硬麵包1/2個,燻牛肉3片,布里乳酪1/2個,洋蔥末20克,美乃滋15克,辣椒醬6克,蠔油5克,檸檬汁5克,胡椒3克,迷迭香少許 (裝飾用)

*硬麵包作法可參考第47頁。

◆ **作法**

1　洋蔥、美乃滋、辣椒醬、蠔油、檸檬汁、胡椒倒入碗中拌勻。

2　硬麵包以0.5至1公分切片,放入以170度預熱的烤箱中烤1分30秒。

3　烤好的硬麵包塗抹上步驟1的醬料。

4　燻牛肉對折後朝對角線再折一次,折好後放在硬麵包上。

5　將布里乳酪分成3等份放在麵包上,再放上迷迭香做裝飾。

布里乳酪切成楔型

布里乳酪耐嚼且有濃郁的奶香,是會在嘴裡化開來的一種棕色乳酪。厚切成楔型放在硬麵包上,不僅能達到裝飾用途,更能品嘗到乳酪豐富的風味。

我把適合搭配啤酒、紅酒的義式臘腸當成披薩配料使用,這可說是最夢幻的下酒菜了。微微刺鼻的辣與鹹完美融合,即使不搭其他配料也美味十足。

◇◇◇◇◇◇◇◇◇◇◇◇◇◇◇◇◇◇◇◇◇◇◇◇◇◇◇◇◇◇◇

♦ 食材 30公分披薩1個份

迷你甜椒1個,洋蔥1/2個,莫札瑞拉起司270克,中筋麵粉210克,水130克,義式臘腸110克,番茄醬70克,砂糖14克,葡萄籽油12克,乾酵母 (低糖) 5克,鹽巴3克,玉米粉少許 (防沾黏用),迷迭香少許 (裝飾用)

♦ 作法

1 中筋麵粉過篩後倒入盆中,在麵粉表面挖出三個凹洞,分別放入砂糖、乾酵母與鹽巴。

2 倒入微溫水搓揉約10分鐘後加入葡萄籽油,然後再搓揉10分鐘。

3 將光滑不黏手的麵團裝在碗裡,包上保鮮膜後靜置1小時30分進行第一次發酵。

4 將麵團中多餘的空氣排掉,撒上玉米粉後以擀麵棍擀成披薩餅皮的形狀。

5 將麵團放到披薩烤盤上並用叉子戳洞,這樣可以讓麵團均勻烤熟不膨脹。

6 塗抹番茄醬,並鋪上莫札瑞拉起司。

7 洋蔥切絲鋪在餅皮上,再將義式臘腸一片片疊放上去。

8 放入以190度預熱的烤箱烤16分鐘。

9 迷你甜椒去籽後切片,跟迷迭香一起放在披薩上。

Tip

麵團放在披薩烤盤上,
麵團邊緣再向內折

將麵團擀薄可以使麵團更有嚼勁。將麵團攤平再將邊緣向內收折,就可以避免醬料和起司向外流出,烤出來的披薩視覺賣相更佳。

PART 3

甜蜜
甜點

咖啡廳裡的甜點，有很多不同類型的甜。
有濕潤奶油的甜、巧克力苦中帶甜、水果的清甜等等，
使用各種食材做出的甜點，
能夠瞬間擄獲人們的視線、占領人們的胃。
讓我們來挑戰適合搭配帶隱約茶香的紅茶或濃郁咖啡的甜點吧。

乳酪蛋糕因食材、配料與烤法的不同,而發展出許多不同種類。這次我要介紹的,是其中使用奶油乳酪烤出來的基本款乳酪蛋糕。插上一根棍子做成方便拿取的樣子,再搭配一杯熱熱的美式咖啡一起享用,就是頓特別的下午茶。

◆ **食材** 23公分 x 45公分四方形模具1個份

奶油乳酪375克,酸奶油165克,白巧克力150克,雞蛋137克,砂糖120克,玉米澱粉11克,香草濃縮液4克,棍子8根

*奶油乳酪應放於室溫下

◆ **作法**

1 白巧克力隔水加熱融化。

2 雞蛋打入碗中,並以打蛋器打散。

3 奶油乳酪裝在碗裡輕輕拌開,加入酸奶油和砂糖拌勻,接著加入步驟2的雞蛋後攪拌。

4 加入步驟1的白巧克力與香草濃縮液,以打蛋器拌勻。

5 玉米澱粉過篩後加入奶油乳酪中拌勻。

6 將步驟5拌好的餡料倒入鋪好烘焙紙的模具中,放入以170度預熱的烤箱,以烤箱的蒸汽餘熱烤60分鐘。

7 烤好的乳酪蛋糕拿出來放涼後包上保鮮膜,放入冰箱冷藏至少3小時。

8 乳酪蛋糕脫模並拿下烘焙紙,再切成8等份。

9 在切好的乳酪蛋糕中間畫一小道刀痕,方便插入棍子。

Tip

**乳酪蛋糕要在冰箱冷藏
熟成後再切**

乳酪蛋糕放入冰箱冷藏3小時至一天,等待熟成後會比較好切開,風味也會更濃郁。蛋糕切好後還要插上棍子,才能避免蛋糕散開。

南
瓜
巴
斯
克
乳
酪
蛋
糕

Basque Cheese Cake with Pumpkin

巴斯克乳酪蛋糕是一款源自西班牙的甜點，表面的顏色烤得很深，帶有一股淡淡的煙燻香，味道就像吸飽水分的烤地瓜一樣。這款蛋糕建議先在冰箱放一天等待熟成，再搭配美式咖啡一起享用，不要一烤好就馬上吃，在冰箱冷藏一天之後，切出來的斷面也會更好看。

◆ 食材　15公分圓形模具1個份

奶油乳酪300克，鮮奶油175克，南瓜175克，雞蛋80克，砂糖72克，低筋麵粉25克

*奶油乳酪放於室溫下。

◆ 作法

1　奶油乳酪裝在碗中，以打蛋器輕輕打散後加入砂糖，攪拌至砂糖完全融化。

2　拿另一個碗打蛋，並以打蛋器將蛋打散，再分三次倒入步驟1的碗中，一邊倒一邊攪拌。

3　南瓜削皮去籽後切塊，裝在玻璃碗裡，包上保鮮膜放入微波爐熱6至7分鐘。

4　將南瓜壓成泥狀，接著跟鮮奶油一起倒入果汁機中打在一起。

5　將步驟4的南瓜鮮奶油倒入步驟2的奶油乳酪糊中，用刮刀拌勻後篩入低筋麵粉，再用打蛋器拌勻。

6　步驟5的麵糊再過篩一次，然後倒入鋪好烘焙紙的模具中。烘焙紙不必鋪得太平整，自然鋪在模具中即可。

7　放入以220度預熱的烤箱中烤35分鐘。

8　烤好後不要立刻拿出來，把烤箱門稍微打開一點，靜置15分鐘之後再將烤好的蛋糕拿出。放涼之後蓋上烘焙紙，放入冰箱冷藏約一天，要吃之前再將烘焙紙拿掉。

Tip

南瓜要用微波爐加熱

用蒸籠去蒸南瓜會使南瓜含水量太高。建議削皮去籽後切塊，裝在容器裡包上保鮮膜，用微波爐加熱比較快也比較簡便。

提拉米蘇塔

Tiramisu Tarte

一口咬下去，便能品嘗到深沉的咖啡香與溫和的奶香在嘴裡散開來。雖然是常見的甜點，但又很難做得美味，製作方法也非常多元。接著就讓我來介紹在家也能輕鬆完成的特色提拉米蘇塔。

◇◇◇◇◇◇◇◇◇◇◇◇◇◇◇◇◇◇◇◇

♦ **食材** 6公分模具4個份

雞蛋2個，馬斯卡彭起司250克，鮮奶油225克，低筋麵粉110克，砂糖62克，奶油60克，水45克，糖粉40克，黑巧克力20克，可可粉18克+10克（裝飾用），煉乳8克，即溶咖啡6克，玉米澱粉4克，鹽巴2克

＊奶油放於室溫下。

♦ **作法**

1 奶油裝在碗裡並輕輕打散。

2 加入鹽巴與糖粉，以刮刀攪拌。

3 打一顆蛋到另一個碗裡，用打蛋器打散後倒入步驟2的碗中。

4 可可粉、低筋麵粉過篩後倒入碗中，以刮刀朝碗的邊緣重複攪拌塗抹，直到麵團成形。

5 將麵團倒在烘焙紙上，再把烘焙紙對折起來，以擀麵棍擀平後放入冰箱冷藏1小時至1小時30分休息。

6 拿另外一個碗裝馬斯卡彭起司與砂糖，輕輕拌勻後打入一顆雞蛋，以打蛋器拌勻。

7 再拿一個碗裝黑巧克力，放入微波爐熱1分鐘。

8 即溶咖啡用熱水泡開，倒入步驟7中攪拌。

9 在步驟8做好的巧克力咖啡中加入鮮奶油125克、玉米澱粉，攪拌後倒入步驟6的碗中，用刮刀輕輕拌勻

10 將步驟5的麵團從冰箱拿出來，用直徑6公分的模具壓出形狀之後沿著輪廓切開，再鋪平在模具內。

11 在麵糊上鋪烘焙紙，放上壓派石後放入以175度預熱的烤箱裡烤15分鐘。

12 烤好後拿出來，倒入步驟9的巧克力，再放入以170度預熱的烤箱中用蒸氣燜烤30分鐘。

13 將鮮奶油100克與煉乳倒入碗中，拿手持攪拌機以中速打發1分30秒至40秒。

14 塔烤好冷卻後脫模，以L型抹刀將步驟13打好的鮮奶油填入並抹平，最後篩上可可粉作裝飾。

Tip

調合咖啡與
黑巧克力的比例

同時加入巧克力與咖啡，可以保留微微的苦味。甜中帶苦的咖啡與巧克力味道很搭，並特別使用黑巧克力凸顯咖啡的風味。建議選擇被覆式的可可粉作裝飾，這樣可可粉才不會被融化吸收。

Tiramisu Tarte

檸檬是一種光靠想像就會感覺到酸味，甚至會刺激口水分泌的水果。雖然生吃會讓人難以適應，但卻經常用於料理和甜點中。如果喜歡橙果類的味道，那肯定會喜歡這乳酪蛋糕與檸檬果凍的組合。

♦ **食材** 20公分 x 8公分四方形慕斯模具1個份

奶油乳酪165克，鮮奶油165克，全麥餅乾75克，砂糖50克，原味優格45克，奶油29克，溫水20克，檸檬汁9克，吉利丁粉4克，香草豆莢1個

<u>檸檬果凍</u> 水75克，砂糖60克，吉利丁粉3克，檸檬2個

<u>裝飾用鮮奶油</u> 鮮奶油160克，砂糖13克，檸檬切片6片，蘋果薄荷少許

*鮮奶油、原味優格、奶油乳酪放於室溫下。

♦ **作法**

1　將全麥餅乾壓碎，並把奶油融化，再把碎餅乾加入奶油中攪拌。

2　在慕斯模具底部鋪保鮮膜，將步驟1的奶油倒入模具中鋪平並壓實，接著放入冰箱冷藏30分鐘至1小時凝固。

3　將吉利丁粉與溫水20克倒入碗中，攪拌約50秒使吉利丁粉溶解。

4　拿另一個碗裝鮮奶油，打發至百分之60至70的程度，接著將香草豆莢內的香草籽刮下來加入鮮奶油中。

5　將原味優格倒入步驟3的碗中攪拌後，加入奶油乳酪與砂糖輕輕拌開。

6　倒入步驟4的鮮奶油與檸檬汁並攪拌。

7　將步驟2的模具從冰箱拿出來，倒入步驟6的餡料後，再度放入冰箱冷藏3至5小時凝固。

8　拿15克的水，倒入檸檬果凍用的吉利丁粉攪拌溶解。

9　將60克的水與砂糖倒入熱牛奶鍋中，擠入檸檬汁並開火煮1分鐘至1分30秒後關火。

10　加入步驟8的吉利丁水做成檸檬果凍。

11　將步驟7的模具拿出冰箱，倒入步驟10的果凍後放入冰箱冷藏1至3小時凝固，果凍的厚度維持在大約0.5至1公分。

12　鮮奶油與砂糖倒入碗中，拿手持攪拌機以中速打1分40秒至50秒，做成裝飾用鮮奶油。

13　擠花袋裝上869k擠花嘴，裝入步驟12的鮮奶油後，在乳酪蛋糕上擠出龍捲風的形狀。

14　在奶油上面放上檸檬切片，再用蘋果薄荷做裝飾。

Tip

用吉利丁粉做果凍

雖然可以用寒天代替吉利丁，不過寒天本身口感較脆，比起果凍，更適合用來做羊羹、果醬、雪酪一類的甜點。要用吉利丁才能讓果凍口感較軟且更透明，也可以依照自己的想法做出不同顏色的果凍。

整顆哈密瓜蛋糕

Melon Cake

這是把果肉挖掉後，將剩下來的哈密瓜外殼當成容器使用的有趣蛋糕。濕潤的海綿蛋糕跟水果層層堆疊，讓蛋糕的切面非常美觀。不需要困難的糖霜，也可以做出超棒的蛋糕喔。

◆ **食材** 1個份

哈密瓜1個，奇異果2個，鮮奶油200克，蛋白90克（3個份），砂糖87克，低筋麵粉80克，蛋黃60克，牛奶30克，奶油30克

*蛋黃放於室溫下，蛋白放於低溫下。

◆ **作法**

1　拿一個碗裝熱水，再拿一個碗放再熱水中，並倒入奶油和牛奶隔水加熱。

2　拿另一個碗裝蛋白，用手持攪拌機以中速打30至40秒至起泡。

3　72克砂糖分三次加入蛋白中，然後再打發約4分鐘，接著加入蛋黃再打15秒。

4　低筋麵粉過篩後倒入步驟3的碗中，拿刮刀從碗中央以切拌的方式攪拌至看不見粉狀顆粒。

5　在步驟4的碗中先加入一點點步驟1的奶油與牛奶，攪拌一下後再將步驟1的奶油和牛奶全部倒入，並用刮刀從底部由下往上翻攪，避免泡沫消失。

6　將麵糊倒入鋪好烘焙紙的烤盤中，再用刮板將麵糊整平。

7　放入以200度預熱的烤箱烤11分鐘，烤好後拿出來並摘除烘焙紙，放涼之後再用保鮮膜包起來。

8　用圓形模具將蛋糕切成大小一致的6片蛋糕。

9　將哈密瓜的蒂頭切掉，用湯匙把果肉和籽挖掉。果肉要挖大塊一點。

10　奇異果削皮後切片。

11　拿一個碗裝鮮奶油和15克砂糖，用手持攪拌機打1分30秒。

12　將步驟8的海綿蛋糕片、11的鮮奶油、哈密瓜果肉與奇異果依序交替放入果肉被挖掉的哈密瓜空殼中。

13　哈密瓜蛋糕裝填完畢後蓋上蓋子，放入冰箱冷藏約30分鐘再拿出來對半切開。

Tip

海綿蛋糕要用圓形模具切成固定大小

為了讓放入哈密瓜內的海綿蛋糕呈現固定大小，故使用圓形的慕斯模具或餅乾模具。因為海綿蛋糕的大小一致，依序放上奶油與水果後再把蛋糕切開，就能讓蛋糕擁有俐落完美的切面。

紅寶石巧克力凍派

Ruby Chocolate Terrine

彷彿在吃生巧克力的黏糊口感，加上紅寶石巧克力的酸甜滋味，就是這道甜點的迷人之處。紅寶石巧克力是最近相當受到歡迎的巧克力種類，有著獨特的天然酸甜味。凍派做好後建議不要立刻吃，在冰箱冷藏一天熟成更美味。

◆ **食材** 18公分磅蛋糕模具1個份

雞蛋4個，紅寶石巧克力200克，鮮奶油170克，奶油70克，砂糖66克，玉米澱粉4克，草莓適量，糖粉少許

*雞蛋放於室溫下。

◆ **作法**

1　雞蛋打入碗中，加入60克砂糖攪拌。

2　紅寶石巧克力隔水加熱融化。

3　奶油用微波爐加熱40秒後，倒入步驟2的容器中。

4　鮮奶油70克用微波爐加熱40至50秒，再倒入步驟3的奶油巧克力中攪拌。

5　倒入步驟1的雞蛋，拌勻後加入玉米澱粉攪拌。

6　步驟5的麵糊過篩並倒入磅蛋糕模具，麵糊都倒入後拿起模具敲桌面2至3次，排出麵糊中的空氣。

7　在模具底下放一個大烤盤，並在烤盤中倒入熱水。

8　放入以150度預熱的烤箱烤50分鐘。

9　等熱氣散去後包上保鮮膜，放進冰箱冷藏一天。

10　要吃之前5分鐘拿出來，將模具倒過來讓頂部朝下脫模。如果無法順利脫模，可以用噴燈稍微加熱模具底部。

11　草莓切片。

12　將100克鮮奶油、6克砂糖、色素倒入料理盆中，用手持攪拌機打1分30秒。

13　擠花袋裝上圓形花嘴，裝入步驟12的鮮奶油後擠在凍派上。

14　放上草莓並撒上糖粉。

Tip

巧克力隔水加熱

巧克力隔水加熱時，水的溫度應調整在50至55度之間。建議使用不鏽鋼等熱傳導效率佳的容器，並用刮刀持續朝同一個方向攪拌，幫助巧克力融化避免結塊。

這是用外酥內軟的蛋白霜，搭配水果和甜甜鮮奶油做成的甜點。雖不是常見的甜點，但卻迷人華麗，讓人會不時懷念。一口吃下去在嘴裡融化的感覺真的很棒。

◇◇◇◇◇◇◇◇◇◇◇◇◇◇◇◇◇◇◇◇◇◇◇◇◇◇◇◇◇◇◇◇

◆ **食材** 15公分1個

草莓4個，藍莓12至15個，馬斯卡彭起司200克，蛋白116克，砂糖136克，鮮奶油100克，玉米澱粉4克，檸檬之3克，草莓濃縮果醬2大匙，百里香少許（裝飾用）

*蛋白放於低溫下。

◆ **作法**

1　蛋白倒入料理盆中，拿手持攪拌機以高速打20秒至發泡。

2　116克砂糖分3次加入蛋白中並持續打發。等攪拌機拿起來時，蛋白霜可以拉出尖角就表示打發完成。

3　加入玉米澱粉與檸檬汁，用刮刀拌勻。

4　用冰淇淋杓挖兩球步驟3的蛋白霜疊在烤盤上。

5　放入以100度預熱的烤箱中烤約190分鐘，烤好後先不要把烤箱門打開，用餘熱烘30分至1小時將其完全烘熟。

6　馬斯卡彭起司、鮮奶油與20克砂糖倒入料理盆中打發。

7　草莓和藍莓洗乾淨後將水擦乾，大顆的草莓切成6等份。

8　步驟5的蛋白霜完全冷卻後便裝盤，依序放上步驟6的奶油、草莓、藍莓與草莓濃縮果醬，最後再用百里香做裝飾。

Tip

用冰淇淋杓更方便

帕芙洛娃這道甜點的形狀非常多變，其中做成圓形最美。用冰淇淋勺輕輕攪拌一下蛋白霜，然後再挖起兩勺滿滿的蛋白霜疊放在盤子裡，最後再用冰淇淋勺輕輕按壓一下，就能讓蛋白霜的形狀變得較為扁平，視覺上看起來更美。

這是款讓人聯想到王冠的磅蛋糕。推薦大家可以在年底時，挑戰用香草和水果做裝飾，做出又美又華麗的咕咕霍夫。可以加入大量自己喜歡的材料，也可以加點巧克力碎片增加咀嚼的口感。

◇◇◇◇◇◇◇◇◇◇◇◇◇◇◇◇◇◇◇◇

◆ **食材** 16公分咕咕霍夫模具1個份

低筋麵粉155克，砂糖155克，雞蛋155克，奶油155克＋少許（塗抹用），牛奶90克，黑巧克力40克，巧克力碎片20＋20～25個（裝飾用），可可粉15克，鹽巴3克，泡打粉2克

糖霜

糖粉100克，牛奶20克

＊奶油和牛奶放於室溫下。

◆ **作法**

1 奶油倒入料理盆中輕輕拌開，接著砂糖分3次加入並一邊攪拌，直到完全看不見糖的顆粒。

2 黑巧克力隔水加熱融化後加入奶油中拌勻。

3 雞蛋以打蛋器打散後倒入巧克力奶油中，再以手持攪拌機攪拌。

4 低筋麵粉、可可粉、鹽巴、泡打粉過篩後倒入奶油中拌勻。

5 加入牛奶和巧克力碎片後快速攪拌。

6 在咕咕霍夫模具中塗抹奶油，然後將步驟5的麵糊倒入至模具的百分之60至70滿。然後整理麵糊，讓麵糊能夠緊貼模具邊緣並將表面整平，最後再敲幾下模具底部將空氣排出。

7 放入以170度預熱的烤箱烤35分鐘，烤好後放涼。

8 糖粉加牛奶，並以打蛋器攪拌至糖粉溶解。

9 將步驟8的糖霜淋在冷卻的咕咕霍夫上。

Tip

糖霜用的糖粉拌入牛奶中

我在這裡額外加了為甜點增添甜味的糖霜。使用顆粒較細、較容易溶解的糖粉加牛奶拌開，就能夠稍稍中和有些乾硬的蛋糕口感。如果牛奶太多導致濃度太稀，也可以將糖霜分兩次淋在蛋糕上。

我在瀰漫橙香的馬芬中，加上大量的奶油糖霜以襯托起司的風味。做起來不會很困難，可以跟家中的小孩一起挑戰自己做點心來吃。將切碎的果肉作成果醬，最後用於裝飾點綴，就能做出更可愛的馬芬。

◆ 食材 5公分12個份

低筋麵粉300克，奶油180克，雞蛋180克，砂糖168克，牛奶105克，柳橙皮100克，起司粉35克，酸奶油30克，泡打粉4克，鹽巴3克，小蘇打粉2克，柳橙果醬少許 (裝飾用)，柳橙皮碎屑少許 (裝飾用)

奶油糖霜

奶油乳酪400克，糖粉300克，奶油112克，香草濃縮液3克

＊奶油放於室溫下。

◆ 作法

1 低筋麵粉、起司粉、泡打粉、鹽巴、泡打粉過篩，裝在料理盆中以打蛋器攪拌。

2 將奶油倒入另一個料理盆中，用手持攪拌機打到呈現有如美乃滋的黏稠狀，然後加入砂糖，攪拌至顆粒完全溶解。

3 雞蛋打散後分3次加入奶油中。

4 加入步驟1的混合粉類，用刮刀攪拌至完全看不見任何粉末顆粒。

5 加入柳橙皮與酸奶油，拌勻後倒入牛奶，再用打蛋器輕輕攪拌至麵糊出現光澤感。

6 將麵糊裝入擠花袋中，並在馬芬模具裡放入烘焙紙，用麵糊填滿模具的百分之50，並確認剩餘的麵糊，如果麵糊份量還夠，就繼續填至模具的百分之70。

7 放入以180度預熱的烤箱烤18分鐘後脫模，放在冷卻網上冷卻。

8 奶油乳酪與奶油裝在料理盆中輕輕拌開，接著篩入糖粉、加入香草濃縮液，並用刮刀攪拌做成奶油糖霜。

9 將步驟8的奶油糖霜疊在步驟7的馬芬上，並用L型抹刀塑形。

10 用柳橙果醬與柳橙皮屑裝飾。

Tip

用L型抹刀塑形

在為馬芬這種尺寸的甜點澆淋或塗抹糖霜時，可以使用尺寸較小的L型抹刀。使用大小合適的工具，就能夠更細膩地調整形狀，做出理想的甜點外型。

想到小時候吃菠蘿麵包時，都會特別想吃甜甜的酥皮，所以每次都把麵包的形狀弄得一團糟。如果你也喜歡酥皮更勝麵包，我推薦可以做大量的酥皮碎屑，搭配馬斯卡彭起司，再跟榛果咖啡一起享用。酥皮碎屑的酥脆口感，為這道甜點增添了樂趣。

◇◇◇◇◇◇◇◇◇◇◇◇◇◇◇◇◇◇◇◇◇◇◇

♦ 食材 2人份

奶油100克，杏仁粉100克，低筋麵粉100克，砂糖75克，可可粉15克，鹽巴2克，馬斯卡彭起司2杓，草莓14個

* 奶油應放於低溫下

♦ 作法

1　杏仁粉、低筋麵粉、砂糖、可可粉、鹽巴過篩後倒入料理盆中拌在一起。

2　奶油切塊後放入盆中，以刮刀切拌開來。

3　奶油切碎並與麵粉拌在一起，捏成理想的麵團大小。

4　將麵團放在餅乾烤盤上，捏成理想的大小後放入冰箱冷藏休息30分鐘。

5　放入以180度預熱的烤箱烤25分鐘後拿出來放涼。

6　將步驟5烤好的酥皮碎屑裝在碗裡，用冰淇淋杓挖馬斯卡彭起司疊在酥片上，最後再放上草莓。

Tip

做成理想的大小，
並放入冰箱冷藏休息

注意不要讓奶油融化，同時將酥皮麵團捏成理想的大小，然後再放入冰箱冷藏休息。這樣可以使酥皮碎屑更酥脆，但更不容易散開。

這是將煎至金黃的鬆餅做成類似麥片的一道甜點。鬆餅的尺寸很小，如果再煎得外酥內軟，就會變成像可以搭配牛奶一起吃的麥片一樣很有飽足感。也可以加一點喜歡的水果，讓甜點更繽紛。

♦ 食材 2人份

藍莓12個，牛奶180克，低筋麵粉150克，奶油40克，雞蛋1個，砂糖35克，芥花油5克，泡打粉4克，香草濃縮液3克，鹽巴1克，蘋果薄荷少許

*雞蛋、牛奶放於室溫下。

♦ 作法

1 奶油隔水加熱融化。

2 牛奶倒入料理盆中，加入奶油與雞蛋後以打蛋器拌勻。

3 拿另一個料理盆，篩入低筋麵粉、砂糖、泡打粉、鹽巴後拌勻。

4 將步驟2的牛奶倒入麵粉中，攪拌避免結塊。

5 加入香草濃縮液，攪拌後倒入醬料罐中。

6 將芥花油倒入平底鍋，再用廚房紙巾將油均勻塗抹在鍋內。

7 在鍋內倒入多個銅板大小的麵糊並用中火煎，等麵糊表面出現氣孔後就可以翻面。

8 煎好的煎餅裝在麥片碗裡，加入藍莓和蘋果薄荷。

Tip

確認翻面的時機

麵糊裝在開口呈現尖嘴狀的醬料罐裡，倒入鍋內時就能夠倒出完美的圓形。建議使用中小火，以煎出漂亮的金黃色。麵糊表面出現許多氣孔時就可以翻面，比起多次翻面，建議在氣孔出現時翻一次面就好。

鬆軟濕潤的海綿蛋糕內塞入甜蜜的鮮奶油，就成了放進嘴裡便會瞬間融化的甜點。多虧了鬆軟柔和的滋味，總是讓人想一吃再吃。海綿蛋糕單吃就很好吃，但也可以加點鮮奶油品嘗不同的風味。

◆ **食材** 17公分正方形蛋糕模1個

蛋白207克，鮮奶油150克，牛奶120克，蛋黃115克，中筋麵粉100克，砂糖110克，奶油100克，蜂蜜10克，香草濃縮液4克，鹽巴少許

*蛋黃放於室溫下，蛋白放於低溫下。

◆ **作法**

1　奶油與牛奶隔水加熱。

2　蛋黃用打蛋器輕輕拌開，加入蜂蜜後倒入步驟1的牛奶跟奶油中拌勻。

3　中筋麵粉過篩後倒入料理盆，加入鹽巴、香草濃縮液後拌勻。

4　再拿另一個料理盆裝蛋白，並以手持攪拌機高速打發。起泡後將100克砂糖分3次加入，攪拌機調整至中速繼續打發。等攪拌機拿起來時，蛋白霜可以拉出尖角就表示打發完成。

5　打好的蛋白霜分2次加入步驟3的料理盆中，一邊用刮刀由上往下切拌避免空氣跑掉。

6　將麵糊倒入鋪好烘焙紙的正方形模具中，最上面要留下0.5公分的空間。

7　用筷子整理氣泡，並敲一下模具底部。

8　在烤盤中加水，並把模具放在裝了水的烤盤上，放入以170度預熱的烤箱裡，用150度烤60分鐘。

9　蛋糕出爐後再敲一下模具底部幫助蛋糕脫模，脫模後將烘焙紙拿掉並讓蛋糕冷卻，冷卻後包上保鮮膜，放入冰箱冷藏一天。

10　鮮奶油與10克砂糖倒入碗中，以手持攪拌機打1分40秒，然後裝入裝了圓形擠花嘴的擠花袋中。

11　將步驟9的海綿蛋糕切成4等份，並用筷子從底部中央戳出一個洞。

12　透過那個洞將步驟10的鮮奶油擠入蛋糕內。

Tip

在海綿蛋糕底部戳洞
擠入鮮奶油

用筷子在海綿蛋糕底部戳出洞來，就可以擠入鮮奶油。鮮奶油裝在擠花袋裡，裝上圓形擠花嘴或泡芙形狀的擠花嘴，就能夠輕鬆將鮮奶油擠入蛋糕內。

抹茶千層

Malcha Crepe Cake

所有甜點都需要心意跟時間，其中千層必須要一層一層製作，屬於更勞心勞力的一款甜點。薄薄的麵皮加上甜甜的奶油，再用叉子一層層捲起來吃，能讓製作過程中的辛苦都煙消雲散。

◇◇◇◇◇◇◇◇◇◇◇◇◇◇◇◇◇◇◇◇◇◇◇◇◇◇◇◇

◆ 食材　18公分尺寸1個份

牛奶500克，低筋麵粉125克，雞蛋3個，砂糖40克，奶油30克，抹茶粉10克，芥花油1小匙

抹茶起司奶油

鮮奶油200克，奶油乳酪100克，砂糖50克，抹茶粉5克

抹茶夾心奶油

鮮奶油100克，白巧克力150克，奶油25克，抹茶粉6克

*雞蛋、牛奶、奶油放於室溫下。

◆ 作法

1　奶油隔水融化。

2　蛋打入料理盆中，並加入砂糖打散。

3　低筋麵粉、抹茶粉過篩入料理盆中，拌勻後倒入牛奶，再以打蛋器攪拌。

4　在盆中倒入步驟1的奶油，拌勻後再過篩2次，並放入冰箱冷藏2小時熟成。

5　芥花油倒入平底鍋中，再用廚房紙巾輕輕擦拭將油平均塗抹在鍋內，接著舀半湯勺的麵糊鋪平在鍋中，等煎到顏色變深就用筷子稍稍把麵皮掀起來，並將筷子插入麵皮下方。

6　把筷子移到麵皮中央，慢慢地把麵皮翻面。就這樣重複做15張麵皮，並讓麵皮完全冷卻。

7　白巧克力裝在碗裡，隔水加熱溶化後加入抹茶粉攪拌。

8　拿另外一個碗裝鮮奶油，放在裝了熱水的容器裡，讓鮮奶油維持溫度準備著。

9　將步驟7的白巧克力分3次倒入步驟8的鮮奶油中，並用刮刀攪拌一下再加入奶油，接著攪拌約30分鐘再放入冰箱冷藏，做成夾心奶油。

Tip

用一根筷子將麵皮翻面

麵皮煎得越薄越好吃，不過煎得太薄翻面時很可能會破掉，建議用筷子像在撈泡泡一樣，將筷子放在麵皮中間再翻面，就可以避免麵皮的形狀跑掉。

10　拿一個碗裝奶油乳酪，輕輕拌開後加入砂糖拌勻。

11　加入鮮奶油與抹茶粉，用手持攪拌機以中速打1分30秒，做成抹茶鮮奶油。

12　放一張麵皮在蛋糕轉盤上，塗抹上步驟11做好的抹茶鮮奶油，接著依序
　　重複放麵皮、塗抹抹茶鮮奶油的步驟。

13　將步驟9做好放在冰箱冷藏的夾心奶油拿出來，塗抹在蛋糕表面之後，將
　　再放入冰箱冷凍，等凝固之後再拿出來切。

介紹一款有點不一樣的提拉米蘇，以大量清爽的青葡萄取代濃郁的咖啡香，也可以用受歡迎的麝香葡萄或紅葡萄代替。蛋糕捲的蛋糕體、濃郁的卡士達奶油、清爽的青葡萄是非常完美的組合，是一道視覺跟味覺都能獲得享受的幸福甜點。

◇◇◇◇◇◇◇◇◇◇◇◇◇◇◇◇◇◇◇◇◇◇◇◇◇◇◇

◆ **食材** 36.5公分X 28公分容器1個份

提拉米蘇奶油
牛奶250克，鮮奶油120克，砂糖69克，蛋黃59克，奶油18克，低筋麵粉10克，玉米澱粉6克，香草豆莢1/2個

蛋糕體
蛋白3個份，蛋黃3個份，砂糖86克，低筋麵粉72克，牛奶30克，葡萄籽油30克，蜂蜜8克，香草濃縮液4克，青葡萄20顆

◆ **作法**

1　牛奶裝在熱牛奶鍋中，刮入香草籽後以打蛋器攪拌，再用中小火煮沸。

2　蛋黃與60克砂糖倒入碗中，用打蛋器攪拌後篩入低筋麵粉與玉米澱粉拌勻。

3　將步驟1的牛奶慢慢倒入步驟2的盆中，並立刻以打蛋器攪拌。

4　將步驟3的牛奶重新倒回熱牛奶鍋中，一邊用打蛋器攪拌一邊以小火煮沸。等邊緣起泡後就快速攪拌40到50秒。等牛奶呈現沒有像液體那麼稀的狀態時，就關火加入奶油攪拌。

5　用保鮮膜包覆烤盤，再把步驟4的奶油薄薄地鋪平在保鮮膜上，包起來之後放入冰箱冷藏30分鐘至1小時，這樣卡士達奶油就完成了。

6　蛋黃與51克砂糖、牛奶、蜂蜜、香草濃縮液倒入碗中，用打蛋器打到變得跟麵糊一樣的顏色。

7　再拿另外一個碗裝蛋白，將35克砂糖分3次倒入，並一邊以手持攪拌機用中速打發成蛋白霜。打到將攪拌機拿起來的時候，可以拉出尖尖的角時，蛋白霜就算完成了。

8　將步驟7的蛋白霜加入步驟6的蛋黃中，由下往上攪拌。

9　蛋白霜完全攪拌開來之後，就篩入低筋麵粉，並攪拌至完全沒有結塊，最後再加入葡萄籽油快速攪拌。

Tip

**蛋白霜與麵糊攪拌時
要由下往上**

組合提拉米蘇的時候，應該使用有點深度的透明容器，以蛋糕體－卡士達奶油－青葡萄的順序組裝。青葡萄可以對切開來填放，這樣吃起來更方便。奶油的水分會滲入蛋糕體中，讓蛋糕吃起來更濕潤。水果以一定的間隔填放，就可以輕鬆將提拉米蘇切開。

10 將步驟9的麵糊倒入鋪好烘焙紙的烤盤中，用刮板將麵糊表面整平之後，放入以180度預熱的烤箱烤15至18分鐘。烤好後從烤箱裡拿出來，拿下烘焙紙後用保鮮膜包起來。

11 拿一個碗裝鮮奶油與9克砂糖，打發之後加入步驟5的卡士達奶油裡攪拌，做成提拉米蘇奶油。

12 將步驟10的蛋糕切成4等份，再修整一下邊緣以符合四方形的容器形狀。

13 將青葡萄洗乾淨，把多餘的水擦乾後對切開來。

14 將步驟12的蛋糕、11的提拉米蘇奶油與青葡萄依序疊放入容器中，重複疊放兩次。

PART 4

趣味
食譜

最近去咖啡廳，都能發現不少創意十足又多變的趣味甜點。
在家庭咖啡廳裡，也可以變出許許多多的新花樣。
依照自己的想像、為喜歡的點心做點變化，
做出多變的趣味甜點吧。
一定能讓經營家庭咖啡廳變得更有趣。

栗子瑪德蓮

這是使用栗子造型的模具，用巧克力和芝麻裝飾成栗子的瑪德蓮。因為外面買不到少量的栗子糊，但買回來之後多次使用又有點不太好，不過做成栗子瑪德蓮的話，就能很快把栗子糊消耗完。多虧了這圓滾滾的可愛外型，這款甜點變得非常受孩子歡迎，加了栗子也成了大人喜歡的甜點。

✦ 食材 8公分12個份

香栗12個，雞蛋2個，融化的奶油125克，低筋麵粉115克，砂糖100克，栗子糊80克，牛奶巧克力40克，蜂蜜12克，可可粉10克，黑蘭姆酒5克，香草濃縮液2克，泡打粉2克，鹽巴1克，芝麻少許

✦ 作法

1　雞蛋打在料理盆中，用打蛋器打散後加入砂糖，再攪拌至糖完全溶解。

2　加入栗子糊攪拌。

3　低筋麵粉、可可粉、泡打粉、鹽巴過篩入料理盆中，加入蜂蜜拌勻。

4　加入奶油、香草濃縮液與黑蘭姆酒攪拌，拌勻之後將麵糊裝入擠花袋中，放入冰箱冷藏約1小時休息。

5　麵糊從冰箱裡拿出來，在室溫下放5分鐘再擠入瑪德蓮模具，填滿至模具的約百分之50就好。

6　在麵糊中央各放一個栗子再擠入麵糊製模具的百分之80滿，接著放入以180度預熱的烤箱中烤14至15分鐘。

7　敲一下瑪德蓮模具的底部，將瑪德蓮拿起來斜放在模具中散熱。

8　牛奶巧克力隔水加熱融化，將瑪德蓮較寬的部分放入裹上巧克力。

9　裹了巧克力的部分再裹上芝麻，然後鋪平在烤盤上等巧克力凝固。

Tip

要在巧克力凝固前裹芝麻

可依照個人喜好適量加入芝麻就好。芝麻必須在巧克力凝固之前裹上，這樣才能黏在上面。如果希望加快巧克力凝固的速度，可以放入冰箱冷凍2至3分鐘。

卡斯特拉杯子布丁

Castella Cup Pudding

這是能同時吃到布丁和卡斯特拉的杯子蛋糕，卡斯特拉隆起的樣子真的非常可愛。清爽的焦糖糖漿、Q彈的布丁和鬆軟的卡斯特拉，能夠一次滿足想吃這三種味道的願望。建議在室溫下放一下，再用保鮮膜包起來冷藏，這樣就能讓蛋糕體維持鬆軟和形狀。

◆ 食材　120克4個份

<u>焦糖糖漿</u> 砂糖60克，水50克

<u>布丁</u> 蛋黃2個份，牛奶200克，鮮奶油100克，砂糖55克，香草濃縮液3克

<u>海綿蛋糕</u> 雞蛋2個，低筋麵粉25克，砂糖20克，牛奶20克，奶油10克

◆ 作法

1　砂糖和40克的水裝在熱牛奶鍋中，以中火煮沸騰後便開始轉動牛奶鍋至砂糖完全溶解，過程中不要攪拌。

2　砂糖溶解並逐漸轉變為深褐色之後便關火，加入10公克的水，水可能會噴濺出來，所以加水之後請蓋上蓋子熬煮成焦糖糖漿。

3　將煮好的糖漿倒入烤箱用玻璃杯。

4　蛋黃打入料理盆中，加入砂糖以打蛋器打散。

5　用熱牛奶鍋裝牛奶、鮮奶油、香草濃縮液，加熱40秒至1分鐘。

6　將步驟5的牛奶慢慢倒入步驟4的盆中，以打蛋器攪拌後過篩，再分次倒入步驟3的玻璃杯中。

7　牛奶與奶油用微波爐加熱讓奶油融化。

8　蛋打入料理盆中並加入砂糖，輕輕拌開後將盆子放入熱水中，加熱直到蛋汁的溫度提升至40度，接著以手持攪拌機用高速打發。打到蛋糊拉起來時仍會維持拉起時的形狀即可。

9　將1/3的步驟8的蛋糊倒入步驟7的牛奶中，攪拌後再將剩下的蛋糊倒入，然後用刮刀攪拌。

10　將步驟9的蛋糊倒入步驟6的玻璃杯中。

11　放入以160度預熱的烤箱烤35分鐘。

Tip

調整焦糖糖漿的濃度，避免太濃稠

做焦糖糖漿的時候，如果在極度沸騰的狀態下將火關掉，糖漿就會立刻凝固，所以應該在糖水逐漸轉變為褐色，且鍋邊開始有些燒焦的時候關火並加水。在沸騰狀態下加水，水可能會向外噴濺，因此加水後應盡快蓋上蓋子

糖餅與義式濃縮咖啡

Dalgona and Espresso

這是讓人回想起兒時回憶的糖餅。每次放學都一定要買來吃，這次我試著在家自己挑戰。用湯匙裝著砂糖，開心地攪拌便能發現砂糖逐漸融化，這時再加入泡打粉並加快攪拌的速度。有時候會因為火候難以控制而導致湯匙燒焦，不過其實就連這都是回憶的滋味呢。

∞∞∞∞∞∞∞∞∞∞∞∞∞∞∞∞∞∞∞∞∞∞∞∞∞∞∞

◆ 食材 1人份

白糖15克+少許（塗抹用），泡打粉1克，濃縮咖啡2杯

◆ 作法

1　砂糖倒入湯匙中，放在中火上加熱至靠近湯匙邊緣的糖開始燒焦，接著轉為小火。

2　用筷子攪拌砂糖，使糖慢慢融解。

3　砂糖完全融解並呈現黃色時便關火，用筷子尖端沾泡打粉，放入糖中快速攪拌直至起泡。

4　在烤盤上撒上砂糖，將步驟3的糖漿到在砂糖上。

5　糖漿凝固之前放上模具，印出星星的圖案。

　*可以用同樣的方法做更多不同造型的糖餅。

6　用任何尖尖的工具依照星星圖案的輪廓將星星切下，或是用手慢慢把邊緣剝下來。

7　煮兩杯濃縮咖啡，搭配糖餅。

Tip

在糖餅凝固程度約百分之50時，用模具壓圖案

加入泡打粉後會瞬間起泡，所以應該要先將砂糖撒在烤盤上。要等到糖餅凝固程度大約有百分之50時，再用模具壓出圖案，這樣圖案才會清楚。

奧利奧達克瓦茲

Oreo Dacquoise

達克瓦茲源自法國普羅旺斯地區，是一款外酥內鬆的經典蛋白霜甜點。通常都會做成夾心的形式，不過將奶油改擠在最上層，做成開放式的達克瓦茲也很特別，可以當成宴會的小點心享用。

◇◇◇◇◇◇◇◇◇◇◇◇◇◇◇◇◇◇◇◇◇◇◇◇◇◇◇◇

◆ **食材** 8公分7～8個份

蛋白120克，糖粉95克+少許（餡料用），奶油90克，杏仁粉80克，奶油乳酪60克，砂糖50克，碎奧利奧餅乾20克，奧利奧4個

*奶油與奶油乳酪放於室溫下，蛋白放於低溫下。

◆ **作法**

1　蛋白倒入料理盆中，以手持攪拌機用高速打40至50秒。

2　加入砂糖，並用手持攪拌機以中速打6分鐘，打成紮實的蛋白霜。

3　杏仁粉與60克糖粉過篩入料理盆中，用刮刀往同一個方向切拌至看不見粉末顆粒且麵糊呈現光澤感為止。

4　用刮刀把麵糊聚攏並裝入擠花袋中，擠入達克瓦茲模具裡，再用刮板將表面整平，讓麵糊填滿整個模具。

5　糖粉過篩後分2次撒在麵糊上，接著放入以180度預熱的烤箱烤15分鐘。

6　拿一個料理盆裝奶油，輕輕拌開後再加入奶油乳酪拌勻。

7　加入35克糖粉與碎奧利奧餅乾，拌勻後裝入擠花袋。

8　烤好的達克瓦茲放在托盤上，以之字形將步驟7的奶油擠上去，再把完整的奧利奧餅乾對折放上去做裝飾。

擠奶油要用之字形

因為沒有把達克瓦茲的蓋子蓋上去，所以奶油往同一個方向、擠成同一個樣子會比較整齊。奶油可以擠多一點，上面還能再放自己想要的配料。

布朗尼

Brownie

來自英國的布朗尼，是一種能夠品嘗到濃郁巧克力滋味且口感偏乾的甜點。雖然是咖啡廳常見的甜點，但親手做的布朗尼更顯得特別許多。在甜甜的布朗尼上加一球冰淇淋，就能讓人瞬間遺忘所有壓力。

◇◇◇◇◇◇◇◇◇◇◇◇◇◇◇◇◇◇◇◇◇◇◇

◆ **食材** 16.5公分正方形模具1個份

黑巧克力135克，雞蛋102克，砂糖90克，奶油72克，中筋麵粉30克，蜂蜜20克，可可粉15克，鹽巴2克，香草濃縮液2克，草莓粉少許（裝飾用）

◆ **作法**

1 用料理盆裝黑巧克力和奶油並隔水加熱融化。

2 再拿一個料理盆打入雞蛋，加入砂糖後以手持攪拌機打至砂糖完全溶解。

3 加入蜂蜜、鹽巴、香草濃縮液，繼續用手持攪拌機高速打發，然後再加入步驟1的巧克力奶油並用刮刀攪拌。

4 中筋麵粉與可可粉過篩入料理盆中，攪拌至麵糊呈絲滑光澤狀。

5 在正方形模具中鋪烘焙紙，倒入步驟4的麵糊後放入以180度預熱的烤箱中烤16至18分鐘。

6 烤好的布朗尼脫模，放涼後用保鮮膜包起來，放入冰箱冷藏至少3小時。

7 拿個薑餅人的餅乾模放在烘焙紙上，沿著輪廓描出薑餅人的樣子，再將烘焙紙對折並沿著薑餅人輪廓剪開。.

8 布朗尼切成方便食用的大小，將剪下薑餅人形狀的烘焙紙放上去，並撒上草莓粉做裝飾。

Tip

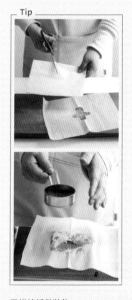

用烘焙紙做裝飾

四方形的布朗尼乍看之下有些無趣，不如用顏色亮眼的草莓粉來提升色彩、香味與美味吧。利用餅乾模具和烘焙紙打草稿，再把畫好的圖案剪下，就能利用剪好的烘焙紙做出有趣的裝飾了。

這是超像地瓜的麵包,就算說是真的地瓜大家肯定也會相信,吃起來也跟地瓜很像。增加了地瓜沒有的嚼勁,並把蒸地瓜當成餡料,甜甜的滋味更加迷人。

◇◇◇◇◇◇◇◇◇◇◇◇◇◇◇◇◇◇◇◇◇◇◇◇◇◇

♦ **食材** 16公分8個份

黃地瓜 (中) 3個,Pine Soft T韓國麵粉145克,水140克,奶油50克,紫地瓜粉50克,高筋麵粉36克,Pine Soft C韓國麵粉35克,Pine Soft 202韓國麵粉31克,雞蛋30克,芥花油25克,糖漿15克,鹽巴6克,蜂蜜5克

♦ **作法**

1 烤箱以200度預熱,在烤盤裡倒入水,並將黃地瓜放入烤盤,用烤箱烤40分鐘。

2 烤好的地瓜剝皮放碗裡,加蜂蜜後用湯匙壓成泥。

3 再拿一個料理盆,倒入三種韓國麵粉,接著篩入高筋麵粉、鹽巴後拌勻。

4 加水、奶油、雞蛋、芥花油、糖漿後用刮刀攪拌,逐漸成形後改用手搓揉。

5 麵團搓揉完成後用保鮮膜包起來,放進冰箱冷藏約1小時。

6 將麵團從冰箱拿出,分成8等份之後搓揉成圓球狀。

7 用擀麵棍將麵團擀平,將步驟2的地瓜泥分成8等份分別放在每一塊麵團上。

8 像在包包子一樣將麵團對折,仔細把接縫捏起來,再均勻裹上紫色地瓜粉。

9 用筷子在麵團表面戳幾個洞。

10 放入以170度預熱的烤箱烤18分鐘。

Tip

麵團做成弦月的形狀

麵團搓揉成圓球狀後用擀麵棍擀平,然後再放入黃地瓜泥。黃地瓜泥和麵團如果太黏手,可能會黏在手上導致塑形困難。放入地瓜泥餡料後將麵團對折,再仔細將接縫捏好,將麵團的模樣調整成像地瓜一樣。

吉拿棒

Churros

我嘗試製作回憶中只要去遊樂園就一定會買來吃的吉拿棒。裹上大量的砂糖和肉桂粉,是會讓記憶中飄著一股肉桂香的甜點。搭配冰淇淋、巧克力、果醬、奶油乳酪等喜歡的配料,吃起來會更加幸福。

◇◇◇◇◇◇◇◇◇◇◇◇◇◇◇◇◇◇◇◇

♦ **食材** 10公分10個份

雞蛋1個,水200克,中筋麵粉110克,奶油66克,砂糖45克+少許(配料用),香草濃縮液2克,鹽巴2克,香草冰淇淋適量(配料用),沙拉油適量,肉桂粉適量(配料用)

♦ **作法**

1　水、奶油、砂糖、鹽巴裝在熱牛奶鍋中以小火煮沸。

2　奶油開始融化後便關火,將中筋麵粉篩入鍋中,再用刮刀從底部往鍋邊翻攪,將內容物攪拌均勻。

3　攪拌至完全看不見麵粉顆粒後便開小火煮40至50秒,等水分揮發後便關火冷卻約5分鐘。

4　再拿一個料理盆,打入雞蛋並加入香草濃縮液,用打蛋器攪拌。

5　將步驟4的雞蛋分3次倒入步驟3的麵糊中,拌勻後裝入擠花袋,並裝上鋸齒狀的擠花嘴。

6　將沙拉油倒入油鍋中,加熱至185度之後,將步驟5的麵糊擠入油鍋中,麵糊長度可自行調整。

7　等吉拿棒炸到呈現褐色之後便撈起,放在有瀝油網的托盤上將多餘的油瀝掉。

8　將砂糖和肉桂粉混合,鋪平在托盤上。

9　油瀝乾的吉拿棒裹上砂糖與肉桂粉,再搭配香草冰淇淋。

Tip

麵糊用剪刀剪

在油的溫度較低時放入吉拿棒麵糊,會使麵糊吸收過多的油,所以應該要在油已經充分預熱的狀態下再擠入麵糊。因為麵糊偏稠,所以沒辦法輕易切斷,建議可以擠到理想的形狀或長度之後,就用剪刀直接將麵糊剪斷。

百匯也是記憶中的懷舊甜點。長長的玻璃杯裡有奶油、水果、餅乾等各種食材層層堆疊，是一道讓人感覺十分甜蜜的甜點。試著在長玻璃杯裡堆疊食材，做成華麗又甜蜜的百匯吧。

◆ 食材　1杯份

愛文芒果1個，原味優格140克，鮮奶油120克，砂糖9克，巧克力冰淇淋1球，巧克力穀物圈少許，巧克力球少許

◆ 作法

1　鮮奶油和砂糖倒入料理盆中，以手持攪拌機打2至3分鐘。

2　愛文芒果切塊。

3　將原味優格裝入長玻璃杯中，放上巧克力穀物圈與巧克力球。

4　將步驟1的鮮奶油裝入擠花袋中，擠入步驟3的玻璃杯裡。

5　依照愛文芒果、鮮奶油、愛文芒果的順序堆疊填滿杯子。

6　放上一球巧克力冰淇淋。

Tip

鮮奶油要擠成
一球一球的形狀

在巧克力穀物圈與巧克力球擠上球狀的鮮奶油，整杯百匯完成之後視覺上看起來更俐落簡潔。因為有很多種材料，所以如果希望不要太過雜亂的話，最重要的地方就是要慢慢地以固定的形狀堆疊。

鯛魚燒可說是冬季的經典街頭小吃，近來市面上也出現兩爐、四爐等鍋具，方便一般民眾自己在家做來吃，這樣一來想吃鯛魚燒時也不需特別出門，就能品嘗到剛出爐熱騰騰的鯛魚燒了。大家也可以挑戰用自己喜歡的食材代替紅豆餡，做出與眾不同的鯛魚燒。

◆ 食材 14公分6個份

雞蛋1個，高筋麵粉100克，牛奶90克，奶油乳酪60克，砂糖10克，泡打粉2克，藍莓果醬少許，芥花油少許（塗抹用）

◆ 作法

1　高筋麵粉、砂糖、泡打粉過篩入料理盆中，並以打蛋器拌勻。

2　打入雞蛋、倒入牛奶，以打蛋器攪拌至沒有任何結塊。

3　以中火預熱鯛魚燒爐，並拿料理用刷將芥花油均勻塗抹在爐具中。

4　將步驟2的麵糊倒入爐具中，放入10克的奶油乳酪和藍莓果醬。

5　再倒一次麵糊，但注意不要溢出爐具外，接著將爐具蓋上翻面。

6　用小火正反面各烤2分鐘後，再翻至正面烤2分鐘就完成了。

Tip

倒鯛魚燒麵糊時
注意不要溢倒爐具外

鯛魚燒爐具蓋上蓋子後，麵糊會往旁邊溢出，所以倒麵糊時要注意別讓麵糊溢出爐具外。蓋上蓋子向外溢出的麵糊烤出來會更脆，把這個部分剝下來吃特別美味。

這是擁有嘎吱嘎吱咀嚼的口感加清爽香甜滋味的全麥餅乾。試著用可愛的餅乾模具做成動物或角色造型，做出不同形狀的餅乾吧。如果能跟孩子們一起挑戰，更可以留下美好的親子回憶喔。

◇◇◇◇◇◇◇◇◇◇◇◇◇◇◇◇◇◇◇◇◇◇

♦ 食材 15~16個份

餅乾麵團 全麥麵粉120克，低筋麵粉25克，奶油73克，黃砂糖30克，雞蛋50克，泡打粉3克，鹽巴1克

卡士達奶油 蛋黃2個份，牛奶200克，砂糖55克，玉米澱粉9克，香草濃縮液3克

*雞蛋、奶油放於室溫下。

♦ 作法

1 奶油用手持攪拌機輕輕打散。

2 雞蛋打散後分3次倒入奶油中，並均勻打發。

3 全麥麵粉、低筋麵粉、黃砂糖、泡打粉、鹽巴過篩入料理盆中，拿刮刀以切拌的方式攪拌直至麵團成形。

4 將麵團放在烘焙紙上，再蓋上另一張烘焙紙，並以擀麵棍將麵團擀成0.5公分厚。

5 麵團放入冰箱冷藏1小時休息。

6 再拿一個碗裝蛋黃、砂糖，拌勻後加入玉米澱粉攪拌。

7 牛奶與香草濃縮液倒入熱牛奶鍋中，以小火加熱約1分鐘，等鍋邊起泡後便將火關掉。

8 倒一點點步驟7的牛奶到步驟6的碗中，用打蛋器快速攪拌。

9 再把步驟8打好的牛奶蛋汁到回熱牛奶鍋中並開大火煮，等牛奶沸騰後轉為中火，並拿打蛋器邊攪拌熬煮邊確認濃度。等稍微開始冒泡之後便快速攪拌，在變稠之前關火。

10 托盤鋪上一層保鮮膜，將步驟9倒入盤中稍微冷卻，接著放入冰箱冷藏30分鐘至1小時。

11 將步驟5的麵團拿出來，用喜歡的餅乾模具將麵團切開。

12 將步驟11的麵團放入以160度預熱的烤箱烤20分鐘。

13 烤好的餅乾塗抹上步驟10的卡士達奶油，然後再蓋上另一片餅乾做成夾心。

Tip

在兩片餅乾之間
塗抹卡士達奶油

雖然直接吃就很美味，但全麥餅乾還是有些乾硬，為了讓口感更柔軟甜蜜，可以塗抹卡士達奶油當夾心。將卡士達奶油裝在擠花袋裡擠在餅乾上更省事。

用餅乾來呈現你想像中的吐司形狀吧。雖然沒有吐司麵包造型的模具，不過做起來也不會很困難。塑形不難，很適合跟孩子一起挑戰，做出這款又甜又脆的餅乾吧。

◇◇◇◇◇◇◇◇◇◇◇◇◇◇◇◇◇◇◇◇◇◇

♦ **食材** 10個份

雞蛋1個，低筋麵粉180克，奶油128克，糖粉70克，杏仁粉30克，可可粉9克，香草濃縮液3克

*奶油與雞蛋放於室溫下。

♦ **作法**

1　奶油裝在料理盆中輕輕打散，接著糖粉過篩並分2次倒入盆中跟奶油攪拌在一起。

2　加入雞蛋與香草濃縮液後拌勻。

3　低筋麵粉與杏仁粉過篩入料理盆中，拌勻後將麵團分成140克與40克兩份。

4　40克麵團加入可可粉搓揉成形。

5　保鮮膜鋪平在工作檯上，兩塊麵團放上去搓成棍狀後用保鮮膜包起來，放入冰箱冷藏30分鐘休息。

6　將40克的巧克力麵團擀薄。

7　140克的一般麵團捏成四方形，並用刀子在靠近上段的左右兩側削下一小角。

8　將一般麵團放在巧克力麵團中間，用巧克力麵團包覆一般麵團後，放入冰箱冷藏1小時休息。

9　拿出餅乾麵團，切成1公分厚再放到烤盤上。

10　放入以175度預熱的烤箱中烤15至17分鐘。

Tip

將餅乾麵團切成
固定厚度和大小

餅乾麵團要在冰箱冷藏室裡充份休息，在有點硬度的狀態下再切開。為了讓顏色平均，厚度跟大小都必須一致。

可朗芙
Croiffle

將奶油層層堆疊的可頌麵團放入鬆餅烤盤中熱壓,就成了這到外皮酥脆、內在很有嚼勁的特殊甜點,也是最近很受歡迎的甜點。可依照個人喜好搭配馬斯卡彭起司、蜂蜜、核桃等配料。

♦ 食材 2個份

可頌(冷凍麵團)70克2個,馬斯卡彭起司30克,蜂蜜15克,核桃2個,肉桂粉少許,奶油少許(塗抹用,可省略)

♦ 作法

1 可頌麵團於使用前20分鐘拿出來退冰。

2 鬆餅烤盤以中火預熱後,將可頌麵團放上去,前後各烤1分30秒。因為麵團中有奶油,所以不塗抹奶油麵團也不會黏在烤盤上,不過如果希望外皮酥脆一點,建議還是塗抹奶油。

3 烤好的可朗芙裝盤,放上馬斯卡彭起司。

4 用刀子把核桃切碎,撒在馬斯卡彭起司上。

5 最後淋上蜂蜜、撒上肉桂粉。

Tip

馬斯卡彭起司壓成
橄欖球的形狀

用湯匙挖滿滿一匙的馬斯卡彭起司,然後再拿兩根湯匙將起司夾成左右尖中間圓的橄欖球狀。將起司放到可朗芙上的時候,可以用湯匙的底部稍微按壓一下,避免起司散開來維持造型。

將圓滾滾的麵團放入鬆餅機熱壓，就能做出留下鮮明格紋的比利時烈日鬆餅。剛開始接觸烘焙時，主要做的大多是過程不會太困難，可以在短時間內完成的甜點，而烈日鬆餅就是我首次成功的甜點。除了基本款的鬆餅之外，也試著挑戰抹茶鬆餅和巧克力鬆餅吧。

◆ **食材** 3個份

雞蛋1個，高筋麵粉200克，牛奶140克，低筋麵粉84克，奶油92克，砂糖28克，冰糖15克，抹茶粉10克，可可粉10克，乾酵母（高糖）5克，鹽巴3克，芥花油少許

◆ **作法**

1　高筋麵粉和低筋麵粉過篩，並倒入料理盆中拌在一起。

2　在麵粉上挖三個洞，分別放入乾酵母、鹽巴和砂糖後拌勻。

3　打入雞蛋、倒入牛奶，攪拌約10分鐘讓麵團成形，等麵團表面變的光滑之後就加入奶油搓揉。

4　將麵團分成3等份，其中一個揉入抹茶粉，另一個揉入可可粉，揉成光滑不黏手的麵團後，便蓋上濕棉布靜置60分鐘進行第一次發酵。

5　發酵結束後按壓將麵團中的空氣排掉，再將麵團細分成3個。

6　麵團蓋上保鮮膜，在室溫下放15分鐘進行第二次發酵。

7　鬆餅機預熱，並以料理刷將芥花油塗抹在烤盤上。

8　將原為麵團、巧克力麵團、抹茶麵團並排放在烤盤上。

9　撒上5克的冰糖。

10　蓋上鬆餅機，熱壓2分30秒至3分鐘左右便完成了。剩餘的鬆餅麵團也用相同方式製作。

Tip

用冰糖增添口感與甜味

烤鬆餅的時候，在麵團上面稍微撒一點冰糖，可以為鬆餅增添甜味，不必另外搭配糖漿。因為冰糖的顆粒不夠小，不會完全融化，所以吃鬆餅時也能咀嚼到冰糖的顆粒，增添口感。

這是運用近來很受歡迎的棕色乳酪做成的甜點。棕色乳酪在挪威被稱為「Brunost」，有著濃郁的焦糖味，可以切成薄片搭配麵包，也可以用起司刨刀磨碎搭配。

◆ 食材　14公分3個份

雞蛋1個，低筋麵粉200克，牛奶160克，砂糖75克，葡萄籽油48克，泡打粉7克，鹽巴2克，香草濃縮液2克，棕色起司適量（配料用），芥花油適量（塗抹用）

◆ 作法

1　將牛奶與葡萄籽油倒入碗中，用微波爐加熱40至50秒。

2　低筋麵粉、砂糖、泡打粉、鹽巴過篩後倒入料理盆中拌勻。

3　將步驟1的牛奶倒入步驟2的料理盆中攪拌。

4　雞蛋打入盆中並輕輕將蛋打散，接著加入香草濃縮液混合。

5　再過一次篩，避免麵糊結塊。

6　將芥花油塗抹在鬆餅烤盤上，以中火預熱後再倒入步驟5的鬆餅麵糊，正面烤1分30秒，背面烤2分30秒。

7　烤好的鬆餅起鍋裝盤，用起司刨刀刨下棕色起司放在鬆餅上搭配。

Tip

趁鬆餅熱時放上棕色起司

趁著鬆餅還留有溫度時放上棕色起司，就能吃到起司微微融化的黏稠口感。舌尖能品嘗到有如吃到焦糖一般，甜鹹交錯得恰到好處的滋味。如果是用冷凍起司可能會使起司變成粉末到處噴飛，建議使用冷藏起司較佳。

巧克力瑪德蓮

Chocolate Madeleine

即使沒有特別喜歡麵包，但在喝咖啡的時候還是會想搭配烘焙糕點。鬆軟有嚼勁的瑪德蓮，就是非常適合搭配咖啡的烘焙糕點。在膨脹得恰到好處令人食指大動的瑪德蓮裡加入巧克力，便同時品嘗到豐富的甜味。

◇◇◇◇◇◇◇◇◇◇◇◇◇◇◇◇◇◇◇◇◇◇◇◇◇◇

◆ 食材　14個份

雞蛋110克，砂糖110克，低筋麵粉110克，奶油110克，巧克力塊30至40克，蜂蜜15克，可可粉12克，泡打粉4克，黑巧克力30克（裝飾用）

＊雞蛋放於室溫下。

◆ 作法

1　雞蛋打入料理盆中，用打蛋器打散後加入砂糖拌勻。

2　低筋麵粉、可可粉、泡打粉過篩入料理盆中，加入蜂蜜後拌勻。

3　奶油融化後倒入盆中，用刮刀拌勻。

4　麵糊完成後用保鮮膜包起來，放入冰箱冷藏1至2小時休息。

5　休息完後將麵糊裝入擠花袋中，擠至瑪德蓮模具中，大約到模具的百分之80滿，然後再放上巧克力塊。

6　放入以180度預熱的烤箱中烤約13分鐘，烤好後將模具拿出來，敲一下模具的底部讓瑪德蓮脫模後，將瑪德蓮斜放在模具中冷卻。

7　黑巧克力隔水加熱融化。

8　擠花袋裝上花嘴，並裝入步驟7的黑巧克力。

9　將冷卻的瑪德蓮放在托盤上，以之字形擠上步驟8的黑巧克力。

Tip

以之字形擠上
黑巧克力做裝飾

黑巧克力裝入擠花袋中，以之字形擠在瑪德蓮上做裝飾，就能夠營造出巧克力如絲線一般糾纏在一起的感覺。口感比起整顆裹上巧克力更好，也不會太誇張，可以品嘗到適度的甜味。

紅豆奶油司康

Red Beans and Butter Scone

這是用原味司康夾紅豆餡與奶油的甜點。大塊切下風味絕佳的奶油再搭配厚實的紅豆餡，單吃會讓人感覺有點怪，但只要搭配牛奶就能夠接受這樣的美味。是份量紮實卻非常飽足的甜點。

◇◇◇◇◇◇◇◇◇◇◇◇◇◇◇◇◇◇◇◇◇◇◇◇◇◇◇◇◇◇◇◇◇◇◇◇

◆ 食材 6個份

雞蛋1個，低筋麵粉200克，牛奶90克，奶油50克，砂糖30克，蛋黃10克，泡打粉4克，鹽巴3克

餡料

紅豆餡180克，奶油120克

* 雞蛋、牛奶、奶油放於低溫下。

◆ 作法

1　低筋麵粉、砂糖、泡打粉、鹽巴過篩後倒入料理盆中，用刮刀拌勻。

2　加入奶油，用刮板將奶油切碎拌入麵粉中。

3　打入雞蛋，倒入80克牛奶攪拌均勻，再攪拌至麵團成形。

4　將麵團裝在塑膠袋裡，放入冰箱冷藏1小時休息。

5　將麵團拿出來，分成6等份。

6　蛋黃與10克牛奶倒入另一個料理盆中拌勻。

7　將步驟5的麵團放在烤盤上，塗抹上步驟6的蛋汁。

8　放入以200度預熱的烤箱烤18分鐘，然後將烤好的司康放在冷卻網上冷卻。

9　將紅豆餡分成30克一份，奶油則分成20克一份。

10　將完全冷卻的司康對半切開，在中間夾入紅豆餡與奶油。

Tip

使用自然發酵奶油

自然發酵奶油較一般奶油更酸、味道更強烈，很適合搭配紅豆餡。冬天時建議在切之前20至30分鐘從冰箱拿出來退冰，夏季從冰箱拿出來後會立刻變軟，所以在要切之前再拿出來就好。

早安・午安 Home café

69 種在家也能享受的咖啡館風格餐包、早午餐、甜點、蛋糕

作　　者 / 朴星美
主　　編 / 蔡月薰
企　　劃 / 蔡雨庭
翻　　譯 / 陳品芳
封面設計 / 楊雅屏
內頁編排 / 郭子伶

第五編輯部總監 / 梁芳春
董事長 / 趙政岷
出版者 / 時報文化出版企業股份有限公司
108019 台北市和平西路三段 240 號 7 樓
發行專線 / (02)2306-6842
讀者服務專線 / 0800-231-705、(02)2304-7103
讀者服務傳真 / (02)2304-6858
郵撥 / 1934-4724 時報文化出版公司
信箱 / 10899 台北華江橋郵局第 99 號信箱
時報悅讀網 / www.readingtimes.com.tw
電子郵件信箱 / books@readingtimes.com.tw
法律顧問 / 理律法律事務所 陳長文律師、李念祖律師
印　　刷 / 和楹印刷有限公司
初版一刷 / 2022 年 12 月 23 日
定　　價 / 新台幣 380 元

時報文化出版公司成立於一九七五年，並於一九九九年股票上櫃公開發行，
於二〇〇八年脫離中時集團非屬旺中，以「尊重智慧與創意的文化事業」為信念。

早安・午安 Home café：69 種在家也能享受的咖啡館風格餐
包、早午餐、甜點、蛋糕 / 朴星美作；陳品芳翻譯 . -- 初版 . --
臺北市：時報文化出版企業股份有限公司 , 2022.12
　面；　　公分
ISBN 978-626-353-058-4(平裝)

1.CST: 點心食譜

427.16　　　　　　　　　　　　　111016217

오픈 , 홈카페 by 박성미
Copyright © 2021 by Park Seong Mi
All rights reserved.
First published in Korea in 2021 by TASTEBOOKS an imprint of Munhakdongne Publishing Group
Traditional Chinese Edition Copyright © 2022 China Times Publishing Company Co., Ltd.
Published by arrangement with TASTEBOOKS an imprint of Munhakdongne Publishing Group through Shinwon Agency
Co., Seoul.